中等职业学校规划教材

职业安全与环境保护

张　荣　主编
盛晓东　主审

化学工业出版社

·北京·

本书主要包括职业健康安全法规、危险化学品安全知识、防火防爆技术、电气安全技术、职业危害及预防、环境污染与处理、环境保护措施与可持续发展等相关知识。部分章节配有案例分析，每一章后有习题，具有较强的实用性和指导意义。

本书可作为中等职业学校化工类专业及相关专业教材，也可作为石油化工行业的职工培训教材，同时还可供其他行业安全环保管理人员参考使用。

图书在版编目（CIP）数据

职业安全与环境保护/张荣主编 . —北京：化学工业出版社，2008.5（2024.9 重印）
中等职业学校规划教材
ISBN 978-7-122-02762-7

Ⅰ. 职… Ⅱ. 张… Ⅲ. ①劳动保护-劳动管理-专业学校-教材②环境保护-专业学校-教材 Ⅳ. X

中国版本图书馆 CIP 数据核字（2008）第 063171 号

责任编辑：陈有华 刘心怡　　　　　　　　文字编辑：刘莉珺
责任校对：蒋　宇　　　　　　　　　　　　装帧设计：张　辉

出版发行：化学工业出版社（北京市东城区青年湖南街 13 号　邮政编码 100011）
印　　装：北京科印技术咨询服务有限公司数码印刷分部
787mm×1092mm　1/16　印张 9½　字数 232 千字　　2024 年 9 月北京第 1 版第 9 次印刷

购书咨询：010-64518888　　　　　售后服务：010-64518899
网　　址：http://www.cip.com.cn
凡购买本书，如有缺损质量问题，本社销售中心负责调换。

定　　价：27.00 元

参加工业分析与检验专业规划教材建设的学校

重庆市化医技师学院
本溪市化学工业学校
河南化学工业高级技工学校
新疆化工学校
上海信息技术学校
云南省化工高级技工学校
北京市化工学校
合肥市化工职业技术学校
江西省化学工业学校
广西石化高级技工学校
山西省工贸学校
四川省化工技工学校
安徽化工学校
江苏盐城技师学院
沈阳市化学工业学校
陕西工业技术学院
陕西省石油化工学校
重庆市工业学校
南京化工技工学校

前　言

本书是根据中国化工教育协会颁布的《全国化工中级工教学计划》，由全国化工高级技工教育教学指导委员会领导组织编写的全国化工中级工教材，也可作为化工企业从业人员培训教材使用。

本书主要介绍职业健康安全法规、危险化学品安全知识、防火防爆技术、电气安全技术、职业危害及预防、环境污染与处理、环境保护措施与可持续发展等相关知识。可供中等职业学校各个专业作为公共课程教材，也可供石油化工行业的职工、安全环保管理人员和技术人员参考使用。

为了体现中级工的培训特点，本教材内容力求通俗易懂、涉及面宽，突出生产实际需要的知识内容。本书按"掌握"、"熟悉"和"了解"三个层次编写，在每章开始的"学习目标"中均有明确的说明以分清主次。本书为满足不同类型专业的需要，增添了教学大纲中未作要求的一些新知识。教学中各校可根据需要选用教学内容，以体现灵活性。

本书由张荣主编、盛晓东主审。全书共分七章。第一章、第三章、第四章和第七章由张荣编写；第二章由张荣和杨延军编写；第五章由侯波编写；第六章由宁芬英编写；全书由张荣统稿。参加本教材审稿及帮助指导工作的有胡仲胜、李文原、王新庄、贺红举、陈建军、吴卫东、赵华、朱宝光、韩利义、杨桂玲、姜淑敏、董吉川、付云红、冯素琴、章厚林、马颜峰、王波、陈艾霞、杨兵、巫显会、黄凌凌、戴捷、邱国声、杨永红、袁骥、黎坤、陈本寿、王丽、高盐生、焦明哲等。

本教材在编写过程中得到中国化工教育协会、全国化工高级技工教育教学指导委员会、全国化工中等专业教育教学指导委员会、化学工业出版社及相关学校领导和同行们的大力支持和帮助，在此一并表示感谢。

由于编者水平有限，不完善之处在所难免，敬请读者和同行们批评指正。

编　者

2008 年 5 月

目　　录

第一章　职业健康安全法规

学习目标：

1. 了解我国安全生产状况。
2. 熟悉主要的职业卫生安全法律、法规。

第一节　我国安全生产状况

事故易发期是工业化进程中必然要经历的阶段，用马克思的话来说是"自然的惩罚"。工伤事故状况与国家工业发展的基础水平、速度和规模等因素密切相关。认清我国安全生产历史、现状和奋斗目标，有利于提高安全管理水平。

一、安全生产发展史

1. 安全生产方针和管理体制初创时期（1949～1965 年）

1952 年，第二次全国劳动保护工作会议明确：要坚持"安全第一"的方针和"管生产必须管安全"的原则。1954 年，新中国制定的第一部《宪法》，把加强劳动保护、改善劳动条件作为国家的基本政策确定下来。同时出台了"三大规程"等行政法规，即《建筑安装工程安全技术规程》、《工人职员伤亡事故报告规程》和《工厂安全卫生规程》，建立了由劳动部门综合监管、行政部门具体管理的安全生产工作体制，劳动者的安全状况从根本上得到了改善。但从 1958 年下半年开始，由于"大跃进"时期忽视科学规律，冒险蛮干，只讲生产，不讲安全，大量削减安全设施，片面追求高经济指标，导致事故上升。随着 1961 年开始的经济调整，安全生产工作进行调整，全国相继开展了安全生产大检查、安全生产教育、严肃处理伤亡事故、加强安全生产责任制等广泛的群众运动；1963 年，国务院颁布了《关于加强企业生产中安全工作的几项规定》，恢复重建安全生产秩序，事故明显下降。

2. 受"文革"冲击时期（1966～1977 年）

"文革"期间，安全生产和劳动保护被抨击为"资产阶级活命哲学"，规章制度被视为"管、卡、压"，企业管理受到严重冲击，导致事故频发。政府和企业安全管理一度失控，1971～1973 年，工矿企业年平均事故死亡 16119 人，较 1962～1967 年增长 2.7 倍。

3. 恢复和创新发展时期（1978 年至今）

该时期又可以分为以下三个阶段。

（1）恢复和整顿提高阶段（1978～1991 年）　1978 年 12 月召开的中国共产党十一届三中全会，确立改革开放的方针。《中华人民共和国刑法》（新刑法），对安全生产方面的犯罪作了更为明确具体的规定；国务院颁布了《矿山安全条例》、《矿山安全监察条例》和《锅炉压力容器安全监察条例》、《中共中央关于认真做好劳动保护工作的通知》（中央＜78＞76 号文件）和《国务院批准国家劳动总局、卫生部关于加强厂矿企业防尘防毒工作的报告》（国务院<79>100号文件）两个文件的发布，特别是对"渤海二号平台"等事故的严肃处理，强化了领导干部的安全意识，确定了"安全第一，预防为主"的方针。

（2）适应建立社会主义市场经济体制阶段（1992～2002年）　为发挥企业的市场经济主体作用，1993年国务院决定实行"企业负责，行业管理，国家监察，群众监督"的安全生产管理体制。相继颁布了《劳动法》、《工会法》、《矿山安全法》、《消防法》，以及工伤保险、重大、特大伤亡事故报告调查、重大、特大事故隐患管理等多项法规。2001年初，组建了国家安全生产监督管理局，与国家煤矿安全监察局"一个机构，两块牌子"。2002年11月，出台了《中华人民共和国安全生产法》，安全生产开始纳入比较健全的法制轨道。但这一阶段由于经济体制转轨，工业化进程加快，特别是民营小企业的迅速发展等，使安全生产面临一系列新情况、新问题，安全状况出现较大的反复。

（3）创新发展阶段（2003年至今）　党的十六大以来，以胡锦涛总书记为首的党中央以科学的发展观统领经济社会发展全局，坚持"以人为本"，在法制、体制、机制和投入等方面采取一系列措施，加强安全生产工作。先后颁布实施了《道路交通安全法》、《特种设备安全监察条例》、《安全生产违法行为行政处罚办法》、《国务院关于加强安全生产工作的决定》、《安全生产许可证条例》、《易制毒化学品管理条例》、《事故调查与处理条例》等法规及文件；2005年初，国家安全生产监督管理局升格为总局；2006年初，成立国家安全生产应急救援指挥中心；"政府统一领导、部门依法监管、企业全面负责、群众广泛参与、社会普遍支持"的安全生产新格局逐步形成，安全生产事业进入新的发展时期。

二、安全生产现状

我国是发展中国家，目前经济正处在快速发展时期，由于生产力水平低下，安全生产投入严重不足，处在生产安全事故的"易发期"。通过各方面的共同努力，安全生产状况总体稳定、趋于好转的发展态势与依然严峻的现状并存，从近十几年统计分析表明，安全生产形式依然严峻。

我国安全生产主要存在以下突出问题：

一是事故总量大。近10年平均每年发生各类事故70多万起，死亡12万多人，伤残70多万人。在各类事故中，道路交通事故平均每年发生50多万起，死亡9万多人，约占各类事故总数和死亡人数的71%和76%；工矿商贸企业事故平均每年发生1.6万多起，死亡1.6万多人，约占各类事故死亡人数的13%。

二是特大事故多。2001年至2005年，全国共发生一次死亡30人以上特别重大事故73起，平均每年发生15起；一次死亡10～29人特大事故587起，平均每年发生117起。特别重大事故中，煤矿事故起数最多，平均每年发生8起，占58%；特大事故中，道路交通、煤矿事故平均每年发生42起，各占36%。

三是职业危害严重。据有关部门统计，每年新发尘肺病超过1万例。目前，全国有50多万个厂矿存在不同程度的职业危害，实际接触粉尘、毒物和噪声等职业危害的职工高达2500万人以上，农民工成为职业危害的主要受害群体。

四是与发达国家相比差距大。20世纪90年代中期以来，发达国家工业生产中一次死亡3人以上的重特大事故已大幅度减少。而我国近年来重特大事故起数和死亡人数，以及职业病发病人数和死亡人数，仍是比较突出的国家之一。特别是煤矿、道路交通领域安全生产状况与发达国家相比差距较大。

五是生产安全事故引发的生态环境问题突出。近年来，生产安全事故导致的环境污染和生态破坏事故日益增多。2001年至2005年发生的突发环境事故中，由生产安全事故引发的占总数50％以上。

造成安全生产事故多发和安全生产形势严峻的原因，有深层次的原因、浅层次的原因，有历史的原因，也有发展中的原因，概括起来有以下几个方面。

（1）一些地方政府和企业不能正确处理安全生产与经济发展的关系　对安全生产缺乏足够认识，存在重经济、轻安全的倾向，忽视安全发展，安全生产未能纳入地方经济社会发展规划和企业总体发展战略。"安全第一、预防为主、综合治理"的方针没有落到实处，在一些企业安全生产还没有成为自觉行动。

（2）安全生产基础总体比较薄弱　经济快速增长的同时，传统的粗放型经济增长方式尚未根本转变。企业安全投入不足，安全生产欠账严重，尤其是一些老工业企业和中小企业，生产工艺技术落后，设备老化陈旧，安全生产管理水平低。重大危险源数量大、分布广，没有建立起完善的监控管理体系。有些对人民群众生命财产安全构成严重威胁的重大事故隐患尚未得到有效治理。

（3）安全生产责任落实不到位　一些企业安全生产主体责任不落实，企业安全制度、安全培训、安全投入等方面与法律法规要求差距较大，安全生产管理混乱，甚至有些企业不顾职工生命安全，违法违规生产。有的地方领导干部特别是县乡两级领导干部安全生产意识不强，在安全生产上投入的精力不够，有的甚至存在失职渎职、徇私舞弊、纵容和庇护非法生产行为。

（4）安全生产监管还存在许多薄弱环节　部分地方和部门安全监管监察措施不到位，执法不严格，安全生产监管监察缺乏权威性和有效性，对安全生产违法行为查处不力。部分行业安全生产管理弱化，一些专业监管部门存在组织不健全、监管手段落后等问题。部分地区安全生产监管机构、执法队伍建设缓慢，尤其是基层安全监管力量薄弱，少数市县尚未设立安全生产监管机构。一些部门联合执法机制不完善，未能形成合力。

（5）安全生产支撑体系不健全　安全生产法律法规有待进一步完善，技术标准制修订工作滞后；信息化水平低，尚未建立全国统一的安全生产信息网络系统；科技支撑力量薄弱，基础设施落后，科研投入不足，成果转化率低；宣传教育培训工作相对滞后，培训方式和手段落后；应急救援体系不健全，救援装备落后，应急管理意识淡薄，应对重特大事故的能力较差。

三、安全生产目标

2004年初国务院作出的《关于进一步加强安全生产工作的决定》，明确了我国安全生产的中长期奋斗目标。

第一阶段：到2007年即本届政府任期内，建立起较为完善的安全监管体系，全国安全生产状况稳定好转，重点行业和领域事故多发状况得到扭转，工矿企业事故死亡人数、煤矿百万吨死亡率、道路交通万车死亡率等指标均有一定幅度的下降。

第二阶段：到2010年即"十一五"规划完成之际，初步形成规范完善的安全生产法治秩序，全国安全生产状况明显好转，重特大事故得到有效遏制，各类生产安全事故和死亡人数有较大幅度的下降。

第三阶段：到2020年即全面建成小康社会之时，实现全国安全生产状况的根本性好转，亿元国内生产总值事故死亡率、十万人事故死亡率等指标，达到或接近世界中等发达国家水平。

依据十六届五中全会《建议》提出的"十一五"期间要使安全生产状况进一步好转的奋斗目标，十届全国人大四次会议通过的规划纲要把安全生产列为专节，规划"十一五"期间亿元国内生产总值生产安全事故死亡率降低 35%，工矿商贸企业十万从业人员生产安全事故死亡率降低 25%。

第二节　主要职业安全卫生法律、法规

《中华人民共和国宪法》确定了我国职业健康安全法规的基本原则；《中华人民共和国劳动法》、《中华人民共和国安全生产法》、《中华人民共和国职业病防治法》规定了我国职业健康安全法规的基本内容。我国职业健康安全法规规定围绕上述法律要求展开，可概括为事故预防（人员，设施、设备和物品，作业环境，管理）、事故处理、法律责任三个主要方面。

一、《中华人民共和国宪法》

《中华人民共和国宪法》第四十二条规定："中华人民共和国公民有劳动的权利和义务。国家通过各种途径，创造劳动就业条件，加强劳动保护，改善劳动条件，并在发展生产的基础上，提高劳动报酬和福利待遇……"第四十三条规定："中华人民共和国劳动者有休息的权利，国家发展劳动者休息和修养的设施，规定职工的工作时间和休假制度。"第四十八条规定："国家保护妇女的权利和利益……"。

二、《中华人民共和国劳动法》

《中华人民共和国劳动法》中第六章"劳动安全卫生"，从 6 个方面规定了我国职业健康安全法规的基本要求；第七章"女职工和未成年工特殊保护"对女职工和未成年工特殊职业健康安全要求作出了法律规定；第四章"工作时间和休息休假"对维护和实现劳动者的休息权利，合理地安排工作时间和休息时间作出了法律规定。

三、《中华人民共和国安全生产法》

《中华人民共和国安全生产法》对"生产经营单位的安全生产保障"、"从业人员的权利和义务"、"安全生产的监督管理"及"法律责任"作出了基本的法律规定。

1.《安全生产法》的适用范围

《安全生产法》适用的主体范围，包括一切从事生产经营活动的国有企业事业单位、集体所有制的企业事业单位、股份制企业、中外合资经营企业、中外合作经营企业、外资企业、合伙企业、个人独资企业等，不论其经济性质、规模大小，只要从事生产经营活动的，都应遵守《安全生产法》的各项规定，违反《安全生产法》规定的行为将受到法律的追究。

本法是专门调整涉及安全生产的相关关系的法律，因此，其适用的范围只限定在生产经营领域。不属于生产经营活动中的安全问题，如公共场所集会活动中的安全问题、正在使用中的民用建筑物发生垮塌造成的安全问题等，都不属于本法的调整范围。这里讲的生产经营活动，既包括资源的开采活动、各种产品的加工和制作活动，也包括各类工程建设和商业、娱乐业以及其他服务业的经营活动。

2. 生产经营单位的安全生产保障

（1）生产经营单位从事生产经营活动应具备的安全生产条件　生产经营单位必须遵守本

法和其他有关安全生产的法律、法规，加强安全生产管理，建立、健全安全生产责任制度，完善安全生产条件，确保安全生产。生产经营单位应当具备安全生产法和有关法律、行政法规和国家标准或者行业标准规定的安全生产条件；不具备安全生产条件的，不得从事生产经营活动。

（2）生产经营单位主要负责人的职责　《安全生产法》第十七条规定了生产经营单位主要负责人的职责，包括：

① 建立健全安全生产责任制；

② 组织制定本单位安全生产规章制度和操作规程；

③ 保证本单位安全生产投入的有效实施；

④ 督促、检查本单位的安全生产工作，及时消除生产安全事故隐患；

⑤ 组织制定并实施本单位的生产安全事故应急救援预案；

⑥ 及时、如实报告生产安全事故。

（3）生产经营单位的安全生产保障　生产经营单位应当教育和督促从业人员严格执行本单位的安全生产规章制度和安全操作规程；并向从业人员如实告知作业场所和工作岗位存在的危险因素、防范措施以及事故应急措施。同时，生产经营单位必须为从业人员提供符合国家标准或者行业标准的劳动防护用品，并监督、教育从业人员按照使用规则佩戴、使用。

3. 从业人员的权利和义务

（1）从业人员的权利　《安全生产法》主要规定了各类从业人员必须享有的、有关安全生产和人身安全的最重要、最基本的权利。这些基本安全生产权利，可以概括为以下五项。

① 享受工伤保险和伤亡赔偿权。《安全生产法》明确赋予了从业人员享有工伤保险和获得伤亡赔偿的权利，同时规定了生产经营单位的相关义务。《安全生产法》第四十四条规定："生产经营单位与从业人员订立的劳动合同，应当载明有关保障从业人员劳动安全、防止职业危害的事项，以及依法为从业人员办理工伤社会保险的事项。生产经营单位不得以任何形式与从业人员订立协议，免除或者减轻其对从业人员因生产安全事故伤亡依法应当承担的责任。"第四十八条规定："因生产安全事故受到损害的人员，除依法享有获得工伤社会保险外，依照有关民事法律尚有获得赔偿的权利的，有权向本单位提出赔偿要求。"第四十三条规定："生产经营单位必须依法参加工伤社会保险，为从业人员缴纳保险费。"此外，法律还对生产经营单位与从业人员订立协议，免除或者减轻其对从业人员因生产安全事故伤亡依法应承担的责任，规定该协议无效。

② 危险因素和应急措施的知情权。《安全生产法》规定，生产经营单位从业人员有权利了解其作业场所和工作岗位存在的危险因素及事故应急措施。要保证从业人员这项权利的行使，生产经营单位就有义务事前告知有关危险因素和事故应急措施。否则，生产经营单位就侵犯了从业人员的权利，并应对由此产生的后果承担相应的法律责任。

③ 安全管理的批评检控权。从业人员是生产经营活动的直接承担者，也是生产经营活动中各种危险的直接面对者，他们对安全生产情况和安全管理中的问题最了解、最熟悉，具有他人不能替代的作用。只有依靠他们并且赋予必要的安全监督权和自我保护权，才能做到预防为主，防患于未然，保证企业安全生产。所以，《安全生产法》规定，从业人员有权对本单位安全生产工作中存在的问题提出批评、检举、控告。

④ 拒绝违章指挥和强令冒险作业权。在生产经营活动中，经常出现企业负责人或者管理人员违章指挥和强令从业人员冒险作业的现象，并由此导致事故，造成大量人员伤亡。《安全生产法》第四十六条规定："生产经营单位不得因从业人员对本单位安全生产工作提出

批评、检举、控告或者拒绝违章指挥、强令冒险作业而降低其工资、福利等待遇或者解除与其订立的劳动合同。"

⑤ 紧急情况下的停止作业和紧急撤离权。由于生产经营场所的自然和人为的危险因素的存在，经常会在生产经营作业过程中发生一些意外的或者人为的直接危及从业人员人身安全的危险情况，将会或者可能会对从业人员造成人身伤害。比如从事危险物品生产作业的从业人员，一旦发现将要发生危险物品泄漏、燃烧、爆炸等紧急情况并且无法避免时，最大限度地保护现场作业人员的生命安全是第一位的，法律赋予他们享有停止作业和紧急撤离的权利。《安全生产法》第四十七条规定："从业人员发现直接危及人身安全的紧急情况时，有权停止作业或者在采取可能的应急措施后撤离作业场所。生产经营单位不得因从业人员在前款紧急情况下停止作业或者采取紧急撤离措施而降低其工资、福利等待遇或者解除与其订立的劳动合同。"从业人员在行使这项权利的时候，必须明确四点：一是危及从业人员人身安全的紧急情况必须有确实可靠的直接根据，凭借个人猜测或者误判而实际并不属于危及人身安全的紧急情况除外。二是紧急情况必须直接危及人身安全，间接或者可能危及人身安全的情况不应撤离，而应采取有效处理措施。三是出现危及人身安全的紧急情况时，首先是停止作业，然后要采取可能的应急措施；采取应急措施无效时，再撤离作业场所。四是该项权利不适用于某些从事特殊职业的从业人员，比如飞行人员、船舶驾驶人员、车辆驾驶人员等，根据有关法律、国际公约和职业惯例，在发生危及人身安全的紧急情况下，他们不能或者不能先行撤离从业场所或者岗位。

（2）从业人员的义务

① 遵章守规，服从管理的义务 《安全生产法》第四十九条规定："从业人员在从业过程中，应当严格遵守本单位的安全生产规章制度和操作规程。"根据《安全生产法》和其他有关法律、法规和规章的规定，生产经营单位必须制定本单位安全生产的规章制度和操作规程。从业人员必须严格依照这些规章制度和操作规程进行生产经营作业。生产经营单位的从业人员不服从管理，违反安全生产规章制度和操作规程的，由生产经营单位给予批评教育，依照有关规章制度给予处分；造成重大事故，构成犯罪的，依照刑法有关规定追究刑事责任。

② 佩戴和使用劳保用品的义务 按照法律、法规的规定，为保障人身安全，生产经营单位必须为从业人员提供必要的、安全的劳动防护用品，以避免或者减轻作业和事故中的人身伤害。但实践中由于一些从业人员缺乏安全知识，认为佩戴和使用劳动防护用品没有必要，往往不按规定佩戴或者不能正确佩戴和使用劳动防护用品，由此引发的人身伤害时有发生，造成不必要的伤亡。另外有的从业人员虽然佩戴和使用劳动防护用品，但由于不会或者没有正确使用而发生人身伤害的案例也很多。因此，正确佩戴和使用劳动防护用品是从业人员必须履行的法定义务，这是保障从业人员人身安全和生产经营单位安全生产的需要。从业人员不履行该项义务而造成人身伤害的，生产经营单位不承担法律责任。

③ 接受培训，掌握安全生产技能的义务 从业人员的安全生产意识和安全技能的高低，直接关系到生产经营活动的安全可靠性。特别是从事危险物品生产作业的从业人员，更需要具有系统的安全知识，熟练的安全生产技能，以及对不安全因素和事故隐患、突发事故的预防、处理能力和经验。许多国有和大型企业一般比较重视安全培训工作，从业人员的安全素质比较高。但是许多非国有和中小企业不重视或者不搞安全培训，有的没有经过专门的安全生产培训，或者简单应付了事，其中部分从业人员不具备应有的安全素质，因此违章违规操作，酿成事故的比比皆是。所以，为了明确从业人员接受培训、提高安全素质的法定义务，

《安全生产法》第五十条规定："从业人员应当接受安全生产教育和培训，掌握本职工作所需的安全生产知识，提高安全生产技能，增强事故预防和应急处理能力。"

④ 发现事故隐患及时报告的义务 从业人员直接进行生产经营作业，他们是事故隐患和不安全因素的第一当事人。许多生产安全事故是由于从业人员在作业现场发现事故隐患和不安全因素后，没有及时报告，以至延误了采取措施进行紧急处理的时机，并由此发生重大、特大事故。如果从业人员尽职尽责，及时发现并报告事故隐患和不安全因素，许多事故能够得到及时报告并得到有效处理，完全可以避免事故发生和降低事故损失。所以，《安全生产法》第五十一条规定："从业人员发现事故隐患或者其他不安全因素，应当立即向现场安全生产管理人员或者本单位负责人报告；接到报告的人员应当及时予以处理。"这就要求从业人员必须具有高度的责任心，及时发现事故隐患和不安全因素，防患于未然，预防事故发生。

4. 法律责任追究

（1）生产经营单位的从业人员的行政责任 按照《安全生产法》第九十条的规定，从业人员违反有关规章制度和操作规程的，应当按照以下几个方面进行处理。

① 由生产经营单位给予批评教育 即由生产经营单位对该从业人员由于违反规章制度和操作规程的行为进行批评，同时对其进行有关安全生产方面知识的教育。

② 依照有关规章制度给予处分 这里讲的规章制度包括企业依法制定的内部奖惩制度。另外，根据国务院颁布的《企业职工奖惩条例》的规定，对于全民所有制企业和城镇集体所有制企业的职工的处分包括：警告、记过、记大过、降级、撤职、留用察看、开除七种。具体给予哪种处分，可根据从业人员违反规章制度行为的情节决定。

（2）生产经营单位的从业人员的刑事责任 按照《安全生产法》第九十条的规定，生产经营单位的从业人员不服从管理，违反安全生产规章制度或者操作规程，造成重大事故，构成犯罪的，依照刑法有关规定追究刑事责任。这里讲的"构成犯罪"，主要是指构成《刑法》第一百三十四条规定的重大责任事故的犯罪。构成本条规定的犯罪，须具备以下条件：一是从业人员在客观上实施了不服从管理，违反规章制度的行为；二是造成重大事故。按照刑法第一百三十四条的规定，工厂、矿山、林场、建筑企业或者其他企业、事业单位的职工，由于不服管理、违反规章制度，或者强令工人违章冒险作业，因而发生重大伤亡事故或者造成其他严重后果的，处三年以下有期徒刑或者拘役；情节特别恶劣的，处三年以上七年以下有期徒刑。

（3）生产经营单位主要负责人的责任 按照《安全生产法》第九十一条的规定："生产经营单位主要负责人在本单位发生重大生产安全事故时，不立即组织抢救或者在事故调查处理期间擅离职守或者逃匿的，给予降职、撤职的处分，对逃匿的处十五日以下拘留；构成犯罪的，依照刑法有关规定追究刑事责任。"

生产经营单位主要负责人对生产安全事故隐瞒不报、谎报或者拖延不报的，依照前款规定处罚。

四、《中华人民共和国职业病防治法》

职业病防治工作的基本方针是"预防为主，防治结合"；管理的原则实行"分类管理、综合治理"。职业病一旦发生，较难治愈，所以职业病防治工作应抓致病源头，采取前期预防。职业病防治管理需要政府监督管理部门、用人单位、劳动者和其他相关单位共同履行自己的法定义务，才能达到预防为主的效果。

《中华人民共和国职业病防治法》对劳动过程中的防治与管理、职业病诊断与治疗及保障有以下规定。

（1）对从事接触职业病危害的作业的劳动者，用人单位应当按照国务院卫生行政部门的规定组织上岗前、在岗期间和离岗时的职业健康检查，并将检查结果如实告知劳动者。职业健康检查费用由用人单位承担。

用人单位不得安排未经上岗前职业健康检查的劳动者从事接触职业病危害的作业；不得安排有职业禁忌的劳动者从事其所禁忌的作业；对在职业健康检查中发现有与所从事的职业相关的健康损害的劳动者，应当调离原工作岗位，并妥善安置；对未进行离岗前职业健康检查的劳动者不得解除或者终止与其订立的劳动合同。

（2）用人单位应当为劳动者建立职业健康监护档案，并按照规定的期限妥善保存。劳动者离开用人单位时，有权索取本人职业健康监护档案复印件，用人单位应当如实、无偿提供，并在所提供的复印件上签章。

（3）发生或者可能发生急性职业病危害事故时，用人单位应当立即采取应急救援和控制措施，并及时报告所在地卫生行政部门和有关部门。对遭受或者可能遭受急性职业病危害的劳动者，用人单位应当及时组织救治、进行健康检查和医学观察，所需费用由用人单位承担。

（4）用人单位不得安排未成年工从事接触职业病危害的作业；不得安排孕期、哺乳期的女职工从事对本人和胎儿、婴儿有危害的作业。

（5）劳动者享有下列职业卫生保护权利：

① 获得职业卫生教育、培训；

② 获得职业健康检查、职业病诊疗、康复等职业病防治服务；

③ 了解工作场所产生或者可能产生的职业病危害因素、危害后果和应当采取的职业病防护措施；

④ 要求用人单位提供符合防治职业病要求的职业病防护设施和个人使用的职业病防护用品，改善工作条件；

⑤ 对违反职业病防治法律、法规以及危及生命健康的行为提出批评、检举和控告；

⑥ 拒绝违章指挥和强令进行没有职业病防护措施的作业；

⑦ 参与用人单位职业卫生工作的民主管理，对职业病防治工作提出意见和建议。

用人单位应当保障劳动者行使前款所列权利。因劳动者依法行使正当权利而降低其工资、福利等待遇或者解除、终止与其订立的劳动合同的，其行为无效。

（6）医疗卫生机构发现疑似职业病病人时，应当告知劳动者本人并及时通知用人单位。

用人单位应当及时安排对疑似职业病病人进行诊断；在疑似职业病病人诊断或者医学观察期间，不得解除或者终止与其订立的劳动合同。疑似职业病病人在诊断、医学观察期间的费用，由用人单位承担。

（7）职业病病人依法享受国家规定的职业病待遇。用人单位应当按照国家有关规定，安排职业病病人进行治疗、康复和定期检查。

用人单位对从事接触职业病危害的作业的劳动者，应当给予适当岗位津贴。

用人单位对不适宜继续从事原工作的职业病病人，应当调离原岗位，并妥善安置。

（8）职业病病人的诊疗、康复费用，伤残以及丧失劳动能力的职业病病人的社会保障，按照国家有关工伤社会保险的规定执行。

（9）劳动者被诊断患有职业病，但用人单位没有依法参加工伤社会保险的，其医疗和生活保障由最后的用人单位承担；最后的用人单位有证据证明该职业病是先前用人单位的职业病危害造成的，由先前的用人单位承担。

五、《使用有毒物品作业场所劳动保护条例》

2002年4月30日，国务院第57次常务会议通过《使用有毒物品作业场所劳动保护条例》，并以国务院令第352号公布、施行。本条例共有8章71条，具体规定如下。

（1）条例制定的目的是为了保证作业场所安全使用有毒物品，预防、控制和消除职业中毒危害，保护劳动者的生命安全、身体健康及其相关权益。

（2）用人单位应当对劳动者进行上岗前的职业卫生培训和在岗期间的定期职业卫生培训，普及有关职业卫生知识，督促劳动者遵守有关法律、法规和操作规程，指导劳动者正确使用职业中毒危害防护设备和个人使用的职业中毒危害防护用品。劳动者经培训考核合格，方可上岗作业。

（3）用人单位应当为从事使用有毒物品作业的劳动者提供符合国家职业卫生标准的防护用品，并确保劳动者正确使用。

（4）用人单位应当组织从事使用有毒物品作业的劳动者进行上岗前职业健康检查。用人单位不得安排未经上岗前职业健康检查的劳动者从事使用有毒物品的作业，不得安排有职业禁忌的劳动者从事其所禁忌的作业。

（5）用人单位应当对从事使用有毒物品作业的劳动者进行定期职业健康检查。用人单位发现有职业禁忌或者有与所从事职业相关的健康损害的劳动者，应当将其及时调离原工作岗位，并妥善安置。用人单位对需要复查和医学观察的劳动者，应当按照体检机构的要求安排其复查和医学观察。

（6）用人单位对受到或者可能受到急性职业中毒危害的劳动者，应当及时组织进行健康检查和医学观察。

（7）从事使用有毒物品作业的劳动者在存在威胁生命安全或者身体健康危险的情况下，有权通知用人单位并从使用有毒物品造成的危险现场撤离。

（8）劳动者应当学习和掌握相关职业卫生知识，遵守有关劳动保护的法律、法规和操作规程，正确使用和维护职业中毒危害防护设施及其用品；发现职业中毒事故隐患时，应当及时报告。作业场所出现使用有毒物品产生的危险时，劳动者应当采取必要措施，按照规定正确使用防护设施，将危险加以消除或者减少到最低限度。

六、《工伤保险条例》

（1）《工伤保险条例》制定的目的是为了保障因工作遭受事故伤害或者患职业病的职工获得医疗救治和经济补偿，促进工伤预防和职业康复，分散用人单位的工伤风险。

（2）职工有下列情形之一的，应当认定为工伤：

① 在工作时间和工作场所内，因工作原因受到事故伤害的；

② 工作时间前后在工作场所内，从事与工作有关的预备性或者收尾性工作受到事故伤害的；

③ 在工作时间和工作场所内，因履行工作职责受到暴力等意外伤害的；

④ 患职业病的；

⑤ 因工外出期间，由于工作原因受到伤害或者发生事故下落不明的；

⑥ 在上下班途中，受到机动车事故伤害的；

⑦ 法律、行政法规规定应当认定为工伤的其他情形。

(3) 职工因工作遭受事故伤害或者患职业病进行治疗，享受工伤医疗待遇。

第三节 事故案例分析

【案例一】电子厂正己烷群体职业中毒事故

1996 年 8 月上旬，深圳市龙岗区劳动局接到该区某电子厂 52 名工人的联名投诉信，反映该厂一些女工出现行走困难、四肢麻木等症状，区劳动局与区防疫站的工作人员随即赶到现场进行调查。

1. 事故经过

该电子厂系来料加工企业，主要以加工装配液晶显示器和电话机为主，全厂共有 11 个车间，员工 500 多人。从 1996 年 5 月份起，在电子厂液晶显示器灌液车间和清洗车间工作的工人，相继出现手脚发麻、全身无力的症状；随后不久，有的员工有时走路都会脚部发软，不由自主跪倒在地。7 月初，一些员工出现同样症状，他们向工厂和车间负责人多次反映，要求安排患者入院治疗，在灌液车间安装抽风排毒设施，但都未得到解决。到 7 月中旬，灌液车间员工向该厂行政人事部反映，有位女士已生病近 1 个月，病重得不能行走，7 月 18 日被送到附近医院检查治疗，有 3 名员工病情严重，表现为手脚酸痛、麻痹无力、行走困难等症状。以后几天陆续有生病员工要求治疗，共 40 多人，其中有 13 名症状严重者住院治疗。直到 8 月 5 日工人集体投诉到劳动局后，工厂才意识到问题的严重性。

2. 事故分析

这次发病的员工，主要分布在灌液和清洗两个车间，共 40 人有明显的临床症状，除了 2 名是男工外，其余都是女工。经对该厂生产环境进行卫生监测和病人的临床方面的检查，发现这两个车间正己烷的浓度超过卫生毒理学指标的 4.6 倍。经省、市职业病诊断小组的专家、教授的调查和研究，诊断为正己烷引起的职业中毒。到 11 月止，该厂住院治疗人数达 56 人，其中女工 53 人，男工 3 人，重症者已瘫痪不起，有 7 人出现肌肉萎缩，走路拖步，轻微者让人搀扶可以行走。

据调查，该电子厂从 1995 年 11 月开始用正己烷取代氟里昂作为清洗液晶片和注液槽的溶剂，每周用量达 800kg。正己烷是一种有毒的有机溶剂，在我国属于限制使用的化学溶剂，它会对人体神经造成损害，导致四肢麻木、无力、肌肉张力减退等症状。该厂库存的罐装铁桶说明书危险情况一栏标明，该溶剂属极度易燃，吸入气体或沾皮肤都对人体有害能对人体造成永不复原的损害。然而，该电子厂在生产中使用这样一种危险物品，却只在车间一边的墙上安装了几台排气扇，车间是全封闭式，灌液车间面积为 100m²，清洗车间约 20m²，灌液车间每班要容纳二三十人上班，清洗车间要容纳十几人上班，而且每班工作时间达 10～12h，工厂又未给工人配备必要的防毒面罩和手套，因此，工人在没有得到必备的劳动防护的情况下，长期、反复地吸入并和皮肤接触，从而引起正己烷慢性中毒。

【案例二】汽车罐车违章维修火灾爆炸事故

2002 年 10 月 19 日，河北省廊坊市某县煤气公司的一台 20t 液化石油气汽车罐车，在装载液化石油气的情况下违章维修，引起火灾爆炸，1 人被烧伤，直接经济损失约 200 万元。

1. 事故经过

10 月 19 日 15 时许，廊坊市某县煤气公司液化石油气汽车罐车司机不遵守安全管理规定，在罐车内装载有 15t 液化石油气的情况下，擅自将罐车开往该县一家汽车修理所，准备对汽车进行维修。由于司机对修理所门廊高度判断有误，致使罐车开进门廊的时候，罐车安全阀撞到门廊过梁折断，大量液化石油气迅速从安全阀断口喷射出来，瞬间达到爆炸极限。15min 后，由于静电作用导致泄漏的液化石油气发生爆炸燃烧。由于火焰过度烧烤罐顶部位，使局部温度达到 1000℃ 以上，超过材料的相变温度，被火焰烧烤处失去强度，在巨大内压的作用下，气体"嘭"的一声从罐顶突破，冲起 20 多米高，随即燃起更大的火焰，大火整整燃烧了 37h。司机被烧伤。大火还烧着了街道两侧准备修理的汽车 1 辆，摩托车 3 辆，烧毁修理所的二层砖混结构建筑一栋，所幸没有引起更大的爆炸和破坏。

2. 事故分析

事故的直接原因是汽车罐车司机安全意识薄弱，不遵守安全管理规定。事故的间接原因是煤气公司安全管理制度不落实，管理松懈，在罐车尚有 15t 液化石油气的情况下，竟然允许司机将罐车开到繁华市区修理，由此可见安全管理的混乱。因此不仅要对肇事司机予以处罚，对公司领导和有关责任人员也要予以处罚。如果这起事故酿成重大人员伤亡和财产损失，就还要追究刑事责任。此外，液化石油气汽车罐车的结构也存在需要改进之处，尽管液化石油气汽车罐车安全阀采用内置式，但仍然高于罐体大约 70mm 左右，汽车在通过桥梁、建筑时经常发生此类事故。据某省消防部门统计，2002 年该省共发生液化石油气事故 100 余起，其中汽车罐车事故占 48%，在汽车罐车事故中，由于安全阀折断、泄漏所造成的事故约占 90%。

【案例三】安全防护不周三氯乙烯中毒事故

1999 年 12 月 21 日，深圳某电子制品有限公司员工宁某，因皮肤瘙痒到医药诊治，诊治过程中医院查出宁某患有中毒性肝炎和病毒性肝炎，于是留院治疗，第二天晚上病情突然恶化，经抢救无效死亡。宁某的死亡，与生前工作中大量接触三氯乙烯有关，属于职业伤害。

1. 事故经过

宁某，男，20 岁，1999 年 11 月初进深圳某电子制品有限公司工作。12 月 21 日，宁某因皮肤瘙痒 10 余天，全身出现皮疹、尿少等症状，到宝安区沙井人民医院住院治疗，因病情加剧，于 22 日晚转深圳市宝安人民医院急诊，急诊室以"中毒性肝炎、病毒性肝炎"将其收留住院。当天 22 时 30 分，宁某突然呼吸心跳停止，经抢救无效死亡。因宁某有"天乃水"接触史，医院建议由卫生防疫站鉴定死因，家属及厂方也要求作尸检。深圳市宝安卫生防疫站按照卫生监督程序，12 月 23 日对该电子制品有限公司进行调查，并于 2000 年 1 月 22 日委托中山医科大学法医鉴定中心进行死因鉴定。法医学检查结果：①排除因暴力和疾病致死的可能；②组织学检查见肝脏组织呈不同程度变性坏死，多处皮肤呈剥脱性皮炎改变。结合宁某生前有三氯乙烯接触史及临床资料，判定宁某确因三氯乙烯中毒致死。

2. 事故分析

深圳某电子制品有限公司是一家合作经营企业，生产电脑主机板，有装配作业工人 70 名，车间南端设有超声波三氯乙烯清洗机 2 台，无局部机械通风设施，工人上岗时未佩戴防毒口罩、防护眼镜等个人防护用品，三氯乙烯清洗作业场所未形成独立清洗场所，无隔墙，与其他工种混为一体。宁某岗位距离三氯乙烯清洗机 15m 左右。三氯乙烯清洗剂月使用量约 2400kg。工人每天工作 8h，每月约需加班 10d，每天约 2～3h。车间空气中三氯乙烯检测结果，共设 11 个测定点，宁某的工作岗位和清洗岗位三氯乙烯超标 5.1 倍。根据现场调查情况，深圳市宝安区卫生局向该电子制品有限公司发出卫生监督意见书，限期10d整改。

【案例四】清釜工聚氯乙烯中毒死亡事故

1993年4月4日，无锡市某化工公司所属聚氯乙烯厂，一名清釜工在清理聚合釜内的塑化物时，因安全防护不够和安全管理不善，导致吸入大量聚氯乙烯中毒死亡。

1. 事故经过

4月4日，清釜工王某某接受任务，准备清理1号聚合釜。按照规定，清理聚合釜时应填写作业票证，由班长、监护人、作业人共同签名，并且在清理聚合釜时需要有监护人从事监护工作。但王某某没有认真按规定去办，自己一人代替班长、监护人签名。清釜时，由于1号釜阀门未关严，4号釜出料时聚氯乙烯由1号釜底出料管道漏入1号釜内。王某某急于完成清釜工作，又未做好安全防护工作（戴防毒面具），从而导致伤害事故的发生。

2. 事故教训与防范措施

事故发生后，对事故原因的调查中发现，在造成事故的诸多直接和间接原因中，作业票证的管理不善是主要原因。

（1）清釜票填写不严肃　王某某进入1号釜进行清釜作业的作业证上作业人、班长、监护人的签名均是一个人的填写笔迹（经鉴定为王某某一个所写），使有效的监护落空。

（2）未执行一釜一票制　从1号釜清釜票证看，4号釜刚出完料，尚未清釜，但票证上写明4号釜已清理。由此分析，在作业票证的管理上，既没有遵守一釜一票制度，内容也随意填写而且不真实。

（3）缺乏测试数据　按照进釜安全规定要求，清釜作业人员在入釜前应经过排料、清洗、置换、测试等工作，但这次置换排空只凭经验，缺乏分析手段，因此作业票证上没有测试数据。事后模拟试验显示，1号釜内的聚氯乙烯的含量是标准值的1349倍。

（4）该关严的阀门未关严　为防止出料误操作和泄漏，釜底两个出料阀门都应关闭关严，清釜作业前所填作业票证上填写的是已关好，实际情况却与事实不符。导致在无人检查的情况下，4号釜出料时聚氯乙烯由1号釜底出料管道漏入1号釜内。

（5）承包作业缺乏检查　清釜作业实行承包后，操作者工作完毕可以回家休息。所以王某某在未通知任何人的情况下，急于入釜作业，想尽快回家休息，入釜作业各类措施如监护、分析数据、佩戴防毒面具等均未落实。

经调查，该厂票证的代签姓名、缺乏数据、一票多釜等情况并非偶然，带有习惯性违章性质。同时票证的设计也存在缺陷，如填写分析项目，只需打钩即可，不要求填写具体分析数据。事故发生后，该厂认真总结经验教训，重新按照有关规定设计新的工作票证，并针对上述签票中存在的问题，强调签字责任到位，现场对照措施到位，分析检查数据为凭，严格防范类似事故的再次发生。

在化工生产中，存在着高温高压、易燃易爆、有毒有害、腐蚀、触电和高处坠落等不安全因素，这些不安全因素属于客观因素，一时难以改变，因此在进行相关作业时，如动火、设备检修、抽堵盲板、高处作业、进塔入罐等都要实行作业许可，其目的就是为了避免意外伤害。作业票证制度是确保安全生产、防止事故发生的重要手段，并不是有意为难作业者，这个道理在进行安全教育时要向工人讲清楚，让工人自觉自愿地遵守这一制度。

【案例五】冒险清除作业导致窒息伤害事故

2000年1月11日中午，某化工厂回收车间在清除槽内残留母液作业中，由于技术交底不清，作业人员冒险作业，造成2人中毒事故，其中一人因抢救无效死亡。

1. 事故经过

1 月 11 日中午，按照回收车间的工作安排，硫铵乙班班长带领本班工人刘某某和许某某，到母液槽进行清除作业。该槽直径 1.6m，深 3.53m，残液深度 0.8m，残液成分含硫酸铵，浓度为 3%。到了作业地点，班长让刘某某站在槽北侧放桶、提桶，许某某配合，自己沿直梯下到槽内，蹬着直梯用桶直接盛取母液，然后刘某某拽绳子用桶外提。提取三四桶母液后，刘某某发现桶漏，便让许某某去换桶。12 时 25 分，三楼离心机岗位一名工人听见刘某某喊："快叫人，出事了！"这名工人立即跑到一楼厂房外呼叫许某某，又跑到硫铵包装间喊人。许某某听到喊叫返回工作现场，看见班长在槽中手扶直梯挣扎，刘某某在槽中用肩膀扛住班长的臀部往上顶，等到多人赶到现场，将二人救出，急忙送往医院抢救。该班长属化学烧伤，住院治疗；刘某某因化学液体窒息，经抢救无效于 13 时 40 分死亡。

2. 事故分析

事故发生后，工厂和有关部门组成事故调查组进行调查。经调查确认，事故的直接原因是因蒸气截门不严，导致槽内母液升温，化学物质挥发，氧气不足。刘某某为了抢救班长，站在母液中，由于氧气不足窒息死亡。事故的间接原因是车间主任在安排乙班人员清理母液槽残液时，未交代上午曾用蒸气吹残液，交底不细；车间组织工作也有漏洞。同时，作业人员在作业中思想麻痹，冒险作业，没有采取有效的安全措施，安全防护不够。

习　题

一、选择题

1. 我国《安全生产法》实施的时间是（　　）。
　　A. 2001 年 11 月 1 日　　　　B. 2002 年 10 月 1 日　　　　C. 2002 年 11 月 1 日
2. 我国《职业病防治法》实施的时间是（　　）。
　　A. 2002 年 5 月 1 日　　　　B. 2002 年 11 月 1 日　　　　C. 2001 年 5 月 1 日
3. 特种作业人员须经_____合格后，方可持证上岗。（　　）
　　A. 安全培训考试　　　　　　B. 领导考评　　　　　　　　C. 文化考试
4. 劳动者有权拒绝的指令是（　　）。
　　A. 安全人员　　　　　　　　B. 违章作业　　　　　　　　C. 班组长
5. 生产经营单位应当向从业人员如实告知作业场所和工作岗位存在的_____、防范措施以及事故应急措施。（　　）
　　A. 危险因素　　　　　　　　B. 事故隐患　　　　　　　　C. 设备缺陷
6.《安全生产法》规定的安全生产方针是（　　）。
　　A. 安全第一、预防为主　　　B. 安全为了生产，生产必须安全
　　C. 安全生产人人有责
7. 根据我国 2004 年实施的《工伤保险条例》，在上下班、因工外出或者工作调动途中遭受意外事故或者患疾病死亡的_____申请工伤保险。（　　）
　　A. 不可以　　　　　　　　　B. 可以　　　　　　　　　　C. 有的可以
8. 根据《劳动法》周工作时间应不超过多少小时？（　　）
　　A. 48　　　　　　　　　　　B. 44　　　　　　　　　　　C. 40
9.《安全生产法》规定从业人员在安全生产方面的义务包括："从业人员在作业过程中，

应当严格遵守本单位的安全生产规章制度和操作规程，服从管理，正确佩戴和使用_____。"（　　）

  A. 安全卫生设施   B. 劳动防护用品   C. 劳动防护工具

10.《安全生产法》规定，生产经营单位应当在较大危险因素的生产经营场所和有关设施、设备上，设置明显的_____。（　　）

  A. 安全宣传标语   B. 安全宣教挂图   C. 安全警示标志

11.《安全生产法》第九十条规定，生产经营单位的从业人员不服从管理，违反安全生产规章制度或者操作规程的，由生产经营单位给予批评教育，依照有关规章制度给予_____。（　　）

  A. 行政处罚   B. 处分   C. 追究刑事责任

二、判断题

1. 我国的《工伤保险条例》于 2004 年 1 月 1 日起实施。（　　）

2. 根据《安全生产法》的要求，"组织制定和完善安全生产规章制度和操作规程"是生产经营单位负责人的安全生产责任。（　　）

3. 我国《安全生产法》确立了从业人员的八大安全权利。（　　）

4. 我国对化学危险品的经营实行许可证制度。（　　）

5. 生产经营单位为从业人员提供劳动防护用品时，可根据情况采用货币或其他物品替代。（　　）

6. 2001 年 4 月 21 日国务院发布第 302 号令，公布了《危险化学品安全管理条例》。（　　）

7. 企业职工无权拒绝违章作业的指令。（　　）

8. 特种作业人员未经专门的安全作业培训，未取得特种作业操作资格证书，上岗作业导致事故的，应追究生产经营单位有关人员的责任。（　　）

9. 依照《安全生产法》，生产经营单位的从业人员享有工伤保险和伤亡赔偿权；危险因素和应急措施的知情权；安全管理的批评检控权；拒绝违章指挥和强令冒险作业权；紧急情况下的停止作业和紧急撤离权。（　　）

10. 把作业场所和工作岗位存在的危险因素如实告知从业人员，会有负面影响，引起恐慌，增加思想负担，不利于安全生产。（　　）

11. 对从事接触职业病危害的作业的劳动者，用人单位应当按照国务院卫生行政部门的规定组织上岗前、在岗期间和离岗时的职业健康检查，并将检查结果如实告知劳动者。（　　）

12. 从业人员享有批评、检举控告权和拒绝违章指挥、强令冒险作业的权利。生产经营单位不得因从业人员行使上述权利而对其进行打击报复，如降低工资、降低福利待遇和解除劳动合同等。（　　）

三、简答题

1. 按照《安全生产法》的规定，从业人员享有哪些基本权利和义务？

2. 我国的安全生产方针是什么？

3. 我国的职业病防治方针是什么？

4. 根据《安全生产法》规定，生产单位主要负责人的责任是什么？

5. 职工在什么条件下受伤可以认定为工伤？

第二章　危险化学品安全知识

学习目标：

1. 掌握危险化学品分类及特性知识。
2. 熟悉危险化学品安全技术说明书，熟悉危险化学品的标志。
3. 了解危险化学品生产、包装、储存和运输知识。
4. 了解事故调查与处理要求，熟悉事故应急救援知识。

第一节　危险化学品的分类及特性

化学品是指各种化学元素、由元素组成的化合物及其混合物，无论是天然的或人造的。

危险化学品是指化学品中具有易燃、易爆、有毒、有害及有腐蚀特性，对人员、设施、环境造成伤害或损害的化学品。如氯气有毒、有刺激性，硝酸有强烈腐蚀性，均属危险化学品。《危险化学品安全管理条例》（以下简称《条例》）规定，危险化学品列入以国家标准公布的《危险货物品名表》（GB 12268—90）。剧毒化学品和未列入《危险货物品名表》（GB 12268—90）中的其他危险化学品由国务院有关部门确定并公布。

一、危险化学品的分类

危险化学品种类繁多，分类方法也不尽一致。根据国家质量技术监督局发布的国家标准《常用危险化学品的分类及标志》（GB 13690—92），按主要危险特性把危险化学品分为8类、21项。

第1类：爆炸品

第2类：压缩气体和液化气体

  第1项　易燃气体

  第2项　不燃气体（包括助燃气体）

  第3项　有毒气体

第3类：易燃液体

  第1项　低闪点液体

  第2项　中闪点液体

  第3项　高闪点液体

第4类：易燃固体，自燃物品和遇湿易燃物品

  第1项　易燃固体

  第2项　自燃物品

  第3项　遇湿易燃物品

第5类：氧化剂和有机过氧化物

  第1项　氧化剂

  第2项　有机过氧化物

第 6 类：有毒品

第 7 类：放射性物品

第 8 类：腐蚀品

  第 1 项 酸性腐蚀品

  第 2 项 碱性腐蚀品

  第 3 项 其他腐蚀品

  《条例》按照危险化学品的理化性质和危险性，将危险化学品分为七大类，即爆炸品、压缩气体和液化气体、易燃液体、易燃固体、自燃物品和遇湿易燃物品、氧化剂和有机过氧化物、有毒品和腐蚀品。

二、危险化学品的编号

  为了便于对危险化学品生产、使用、储存、经营与运输的安全管理，应当对危险化学品进行统一编号。我国的危险化学品品名编号依据《危险货物分类和品名编号》（GB 6944—86）由五位阿拉伯数字组成，分别表示为危险化学品所属类别号、项目号和顺序号，例如：乙醇的编号是 32061，其中 061 为该危险化学品的顺序号，2 为该危险化学品的项目号，3 为该危险化学品的类别号。

  在我国原危险品的分类中，每一类还根据其危险性大小分为一、二两个级别，序号 500 号以前的物品为一级危险品，500 号以后的为二级危险品。例如：编号为 41058，表明此物品系一级易燃固体（任何地方都可以擦燃的火柴）；编号为 41551，此物品系二级易燃固体（安全火柴）。比照我国火灾危险性分类的特性依据，对于第二类第一项和第三类至第五类危险品，可以按序号 500 号以前的危险品为甲类火灾危险性，序号 500 号以后的危险品为乙类火灾危险性来确定。

三、危险化学品的特性

1. 爆炸品

  （1）爆炸品的定义 本类化学品指在外界作用下（如受热、受压、撞击等），能发生剧烈的化学反应，瞬时产生大量的气体和热量，使周围压力急剧上升，发生爆炸，对周围环境造成破坏的物品。

  （2）爆炸品的主要特性

  ① 爆炸性 爆炸品都具有化学不稳定性，在受热、撞击、摩擦、遇明火等条件下能以极快的速度发生猛烈的化学反应，产生的大量气体和热量在短时间内无法逸散开去，致使周围的温度迅速升高并产生巨大的压力而引起爆炸。爆炸品一旦发生爆炸，往往危害大、损失大、扑救困难，因此从事爆炸品工作的人员必须熟悉爆炸品的性能、危险特性和不同爆炸品的特殊要求。

  ② 殉爆性 当炸药爆炸时，能引起位于一定距离之外的炸药也发生爆炸，这种现象称为殉爆。殉爆发生的原因是冲击波的传播作用，距离越近冲击波强度越大。由于爆炸品具有殉爆的性质，因此对爆炸品的储存和运输必须高度重视，严格要求，加强管理。

2. 压缩气体和液化气体

  （1）压缩气体和液化气体的定义 本类化学品系指压缩、液化或加压溶解的气体，并应符合下述两种情况之一者：其一临界温度低于 50℃，或在 50℃时，其蒸气压力大于 294kPa

的压缩或液化气体；其二温度在 21.1℃时，气体的绝对压力大于 275.1kPa，或在 54.4℃时，气体的绝对压力大于 715kPa 的压缩气体；或在 37.8℃时，蒸气压力大于 275kPa 的液化气体或加压溶解的气体。

（2）压缩气体和液化气体的特性　本类化学品当受热、撞击或强烈震动时，容器内压力急剧增大，致使容器破裂爆炸，或导致气瓶阀门松动漏气，酿成火灾或中毒事故。

① 易燃易爆性　该类化学品超过半数是易燃气体，易燃气体的主要危险特性就是易燃易爆，处于燃烧浓度范围之内的易燃气体，遇着火源都能着火或爆炸，有的甚至只需极微小能量就可燃爆。简单成分组成的气体比复杂成分组成的气体易燃，燃烧速度快，火焰温度高，着火爆炸危险性大。由于充装容器为压力容器，受热或在火场上受热辐射时还易发生物理性爆炸。

② 扩散性　压缩气体和液化气体由于气体的分子间距大，相互作用小，所以非常容易扩散，能自发地充满任何容器。

气体的扩散性受相对密度影响，比空气轻的气体在空气中可以无限制地扩散，易与空气形成爆炸性混合物；比空气重的气体扩散后，往往聚集在地表、沟渠、隧道、厂房死角等处，长时间不散，遇着火源发生燃烧或爆炸。

③ 可缩性和膨胀性　压缩气体和液化气体的热胀冷缩比液体、固体大得多，其体积随温度的升降而胀缩。

④ 静电性　压缩气体和液化气体从管口破损处高速喷出时，由于强烈的摩擦作用，会产生静电。

⑤ 腐蚀毒害性　压缩气体和液化气体主要是一些含氢、硫元素的气体，具有腐蚀作用。如氢、氨、硫化氢都能腐蚀设备，严重时可导致设备裂缝，漏气。这类危险化学品除了氧气和压缩空气外，大都具有一定的毒害性。

⑥ 窒息性　压缩气体和液化气体都有一定的窒息性（氧气和压缩空气除外）。如二氧化碳、氮气、氩等惰性气体，一旦发生泄漏，能使人窒息死亡。

⑦ 氧化性　压缩气体和液化气体的氧化性表现为三种情况：第一种是易燃气体，如氢气、甲烷等；第二种是助燃气体，如氧气、压缩空气、一氧化二氮；第三种是本身不燃，但氧化性很强，与可燃气体混合后能发生燃烧或爆炸的气体，如氯气与乙炔混合即可爆炸，氯气与氢气混合见光可爆炸。

3. 易燃液体

（1）易燃液体的定义　本类化学品系指易燃的液体、液体混合物或含有固体物质的液体，但不包括由于其危险特性已列入其他类别的液体。其闭杯试验闪点等于或低于 61℃。

（2）易燃液体的特性

① 易挥发性　易燃液体的沸点都很低，易燃液体很容易挥发出易燃蒸气，达到一定浓度后遇到着火源而燃烧。

② 受热膨胀性　易燃液体的膨胀系数比较大，受热后体积容易膨胀，同时其蒸气压也随之升高，从而使密封容器中内部压力增大，造成"鼓桶"，甚至爆裂，在容器爆裂时产生火花而引起燃烧爆炸。

③ 流动扩散性　易燃液体的黏度一般都很小，本身极易流动扩散，常常还会因为渗透、浸润及毛细现象等作用不断地挥发，从而增加燃烧爆炸的危险性。

④ 静电性　多数易燃液体都是电解质，在灌注、输送、流动过程中能够产生静电，静电积聚到一定程度时就会放电，引起着火或爆炸。

⑤ 毒害性　易燃液体大多本身（或蒸气）具有毒害性，如 1,3-丁二烯，2-氯丙烯，丙烯醛等。不饱和芳香族碳氢化合物和易蒸发的石油产品比饱和的碳氢化合物、不易挥发的石油产品的毒性大。

4. 易燃固体、自燃物品和遇湿易燃物品

（1）易燃固体、自燃物品和遇湿易燃物品的定义　易燃固体系指燃点低，对热、撞击、摩擦敏感，易被外部火源点燃，燃烧迅速，并可能散发出有毒烟雾或有毒气体的固体，但不包括已列入爆炸品的物品，如红磷。

自燃物品系指自燃点低，在空气中易发生氧化反应，放出热量，而自行燃烧的物品，如白磷。

遇湿易燃物品系指遇水或受潮时，发生剧烈化学反应，放出大量的易燃气体和热量的物品。有的不需明火，即能燃烧或爆炸，如钾、钠等。

（2）易燃固体、自燃物品和遇湿易燃物品的特性

① 易燃固体的特性　其一，易燃固体的着火点都比较低，一般都在 300℃ 以下，在常温下只要有很小能量的火源就能引起燃烧。有些易燃固体当受到摩擦、撞击等外力作用时也能引起燃烧。其二，大多数易燃固体遇热易分解。其三，很多易燃固体本身具有毒害性，或燃烧后产生有毒物质。其四，易燃固体中的赛璐珞、硝化棉及其制品等在积热不散时，都容易自燃起火。

② 自燃物品的特性　其一，自燃物品大部分非常活泼，具有极强的还原性，接触空气中的氧时会产生大量的热，达到自燃点而燃烧、爆炸。其二，遇湿易燃易爆性。有些自燃物品遇火或受潮后能分解引起自燃或爆炸。例如，连二亚硫酸钠，遇水能发热引起冒黄烟燃烧甚至爆炸。

③ 遇湿易燃物品的特性　其一，有些遇湿燃烧物质在与水化合的同时会放出氢气和热量，由于自燃或外来火源作用能引起氢气的着火或爆炸。其二，有些遇湿燃烧物质与水化合时，生成碳氢化合物，由于反应热或外来火源作用，造成碳氢化合物着火爆炸。具有这种性质的遇水燃烧物质主要有金属碳化物以及有机金属化合物。其三，有些遇水燃烧物质与水化合时，生成磷化氢、氰化氢、硫化氢和四氢化硅等，由于自燃和火源作用会造成火灾和爆炸。其四，大多数遇湿易燃物品都具有毒害性和腐蚀性。

5. 氧化剂和有机过氧化物

（1）氧化剂和有机过氧化物的定义　氧化剂系指处于高氧化态、具有强氧化性、易分解并放出氧和热量的物质。包括含有过氧基的无机物，其本身不一定可燃，但能导致可燃物的燃烧，与松软的粉末可燃物能组成爆炸性混合物，对热、震动或摩擦较敏感。

有机过氧化物系指分子组成中含有过氧基的有机物，其本身易燃易爆，极易分解，对热、震动或摩擦极为敏感。

（2）氧化剂和有机过氧化物的特性

① 氧化剂遇高温易分解放出氧和热量，极易引起爆炸。特别是过氧化物分子中的过氧基很不稳定，易分解放出原子氧，所以这类物品遇到易燃物品、可燃物品、还原剂，或者自己受热分解都容易引起火灾爆炸危险。

② 许多氧化剂，如氯酸盐类、硝酸盐类、有机过氧化物等对摩擦、撞击、震动极为敏感。

③ 大多数氧化剂，特别是碱性氧化剂，遇酸反应剧烈，甚至发生爆炸。

④ 有些氧化剂，特别是活泼金属的过氧化物，遇水分解放出氧气和热量，有助燃作用，使可燃物燃烧，甚至爆炸。

⑤ 有些氧化剂具有不同程度的毒性和腐蚀性。如铬酸酐、重铬酸盐等既有毒性，又会灼伤皮肤。

6. 有毒品

（1）有毒品的定义　有毒化学品系指进入机体后，累积达一定的量，能与液体和器官组织发生生物化学作用或生物物理学作用，扰乱或破坏机体的正常生理功能，引起某些器官和系统暂时性或持久性的病理改变，甚至危及生命的物品。

具体指标：

经口摄取半数致死量：固体 $LD_{50} \leqslant 500mg/kg$

液体 $LD_{50} \leqslant 2000mg/kg$

经皮肤接触 24h，半数致死量 $LD_{50} \leqslant 1000mg/kg$

粉尘，烟雾及蒸气吸入半数致死量 $LC_{50} \leqslant 10mg/L$ 的固体或液体。

（2）有毒品的特性　有毒品的主要特性是具有毒性。少量进入人、畜体内即能引起中毒，不但口服会中毒，吸入其蒸气也会中毒，有的还能通过皮肤吸收引起中毒。这类物品遇酸、受热会发生分解，放出有毒气体或烟雾从而引起中毒。

7. 放射性物品

（1）放射性物品的定义　物质能从原子核内部自行不断地放出具有穿透力、为人们不可见的射线（高速粒子）的性质，称为放射性，具有放射性的物质称为放射性物品。

放射性物品的安全管理不适用《条例》，目前由环境保护部门负责管理。

（2）放射性物品的特性

① 具有放射性　放射性物品能自发、不断地放出人们感觉器官不能觉察到的射线，放出的射线有 α 射线、β 射线、γ 射线和中子流。如果这些射线从人体外部照射或进入人体内，并达到一定剂量时，对人体的危害极大，易使人患放射病，甚至死亡。

② 毒性　许多放射性物品毒性很大如钋、镭、钍等都是剧毒的放射性物品；钠、钴、锶、碘、铅等为高毒的放射性物品，均应注意。

③ 易燃性　放射性物品多数具有易燃性，且有的燃烧十分强烈，甚至引起爆炸。如独居石、金属钍、粉状金属铀等。

8. 腐蚀品

（1）腐蚀品的定义　本类化学品系指能灼伤人体组织并对金属等物品造成损坏的固体或液体。与皮肤接触在 4h 内出现可见坏死现象，或温度在 55℃ 时，对 20 号钢的表面均匀腐蚀率超过 6.25mm/a 的固体或液体。

（2）腐蚀品的特性

① 强烈的腐蚀性　腐蚀品具有强烈的腐蚀性，能腐蚀人体、金属、有机物和建筑物。其基本原因主要是由于这类物品具有或酸性，或碱性，或氧化性，或吸水性等所致。

② 强氧化性　部分无机酸性腐蚀品，如浓硝酸、浓硫酸、高氯酸等具有强的氧化性，遇到有机物如食糖、稻草、木屑、松节油等容易因氧化发热而引起燃烧，甚至爆炸。

③ 毒害性　多数腐蚀品有不同程度的毒性，有的还是剧毒品，如氢氟酸、溴素、五溴化磷等。

④ 易燃性　部分有机腐蚀品遇明火易燃烧，如冰醋酸、醋酸酐、苯酚等。

第二节 危险化学品的标识

一、危险化学品的标志

国家标准《常用危险化学品的分类及标志》（GB 13690—92）中，对危险化学品标志是通过图案、文字说明、颜色等信息鲜明、简洁地表征危险化学品特性和类别，向作业人员传递安全信息的警示性资料。

1. 标志种类

根据常用危险化学品的危险特性和类别，它们的标志设主标志 16 种和副标志 11 种。如图 2-1 和图 2-2 所示。

2. 标志的图形

主标志由表示危险特性的图案、文字说明、底色和危险品类别号四个部分组成的菱形标志。副标志图形中没有危险品类别号。如图 2-1 所示。

底色：橙红色
图形：正在爆炸的炸弹（黑色）
文字：黑色

底色：正红色
图形：火焰（黑色或白色）
文字：黑色或白色

标志 1　爆炸品标志

标志 2　易燃气体标志

底色：绿色
图形：气瓶(黑色或白色)
文字：黑色或白色

底色：白色
图形：骷髅头和交叉骨形（黑色）
文字：黑色

标志 3　不燃气体标志

标志 4　有毒气体标志

底色：红色
图形：火焰(黑色或白色)
文字：黑色或白色

标志5 易燃液体标志

底色：红白相间的垂直宽条(红7、白6)
图形：火焰(黑色)
文字：黑色

标志6 易燃固体标志

底色：上半部白色
　　　下半部红色
图形：火焰(黑色)
文字：黑色

标志7 自燃物品标志

底色：蓝色
图形：火焰(黑色或白色)
文字：黑色或白色

标志8 遇湿易燃物品标志

底色：柠檬黄色
图形：从圆圈中冒出的火焰(黑色)
文字：黑色

标志9 氧化剂标志

底色：柠檬黄色
图形：从圆圈中冒出的火焰(黑色)
文字：黑色

标志10 有机过氧化物标志

图 2-1

底色：白色
图形：骷髅头和交叉骨形（黑色）
文字：黑色

标志 11　有毒品标志

底色：白色
图形：上半部三叶形（黑色）
　　　下半部一条垂直的红色宽条
文字：黑色

标志 13　一级放射性物品标志

底色：上半部黄色
　　　下半部白色
图形：上半部三叶形（黑色）
　　　下半部三条垂直的红色宽条
文字：黑色

标志 15　三级放射性物品标志

底色：白色
图形：骷髅头和交叉骨形（黑色）
文字：黑色

标志 12　剧毒品标志

底色：上半部黄色
　　　下半部白色
图形：上半部三叶形（黑色）
　　　下半部两条垂直的红色宽条
文字：黑色

标志 14　二级放射性物品标志

底色：上半部白色
　　　下半部黑色
图形：上半部两个试管中液体分别向
　　　金属板和手上滴落（黑色）
文字：（下半部）白色

标志 16　腐蚀品标志

图 2-1　我国危险化学品的主标志

底色：橙红色
图形：正在爆炸的炸弹（黑色）
文字：黑色

标志 17　爆炸品标志

底色：红色
图形：火焰（黑色）
文字：黑色或白色

标志 18　易燃气体标志

底色：绿色
图形：气瓶(黑色或白色)
文字：黑色

标志 19　不燃气体标志

底色：白色
图形：骷髅头和交叉骨形（黑色）
文字：黑色

标志 20　有毒气体标志

底色：红色
图形：火焰(黑色)
文字：黑色

标志 21　易燃液体标志

底色：红白相间的垂直宽条 (红7、白6)
图形：火焰 (黑色)
文字：黑色

标志 22　易燃固体标志

图 2-2

底色：上半部白色
　　　下半部红色
图形：火焰(黑色)
文字：黑色

底色：蓝色
图形：火焰(黑色)
文字：黑色或白色

标志 23　自燃物品标志

标志 24　遇湿易燃物品标志

底色：柠檬黄色
图形：从圆圈中冒出的火焰(黑色)
文字：黑色

底色：白色
图形：骷髅头和交叉骨形(黑色)
文字：黑色

标志 25　氧化剂标志

标志 26　有毒品标志

底色：上半部白色
　　　下半部黑色
图形：上半部两个试管中液体分别向
　　　金属板和手上滴落(黑色)
文字：(下半部)白色

标志 27　腐蚀品标志

图 2-2　我国危险化学品的副标志

3. 标志的尺寸、颜色及印刷

按 GB 190 的有关规定执行。

4. 标志的使用原则

当一种危险化学品具有一种以上的危险性时，应用主标志表示主要危险性类别，并用副标志来表示重要的其他的危险性类别。

二、危险化学品的安全标签

《条例》规定生产危险化学品的，应附有与危险化学品完全一致的化学品安全技术说明书，并在包装（包括外包装件）上加贴或者拴挂与包装内危险化学品完全一致的化学品安全标签。

1. 危险化学品安全标签的定义

危险化学品安全标签是用文字、图形符号和编码的组合形式表示危险化学品所具有的危险性和安全注意事项。图 2-3 是危险化学品安全标签的样例。

2. 危险化学品安全标签的内容

（1）化学品和其主要有害组分标识

① 名称　用中文和英文分别标明化学品的通用名称。名称要求醒目清晰，位于标签的正上方。

② 化学式　用元素符号和数字表示分子中各原子数，居名称的下方。若是混合物此项可略。

③ 化学成分及组成　标出化学品的主要成分和含有的有害组分含量或浓度。

④ 编号　标明联合国危险货物编号和中国危险货物编号，分别用 UN No. 和 CN No. 表示。

⑤ 标志　标志采用联合国《关于危险货物运输的建议书》和 GB 13690—92 规定的符号。每种化学品最多可选用两个标志。标志符号居标签右边。

（2）警示词　根据化学品的危险程度和类别，用"危险"、"警告"、"注意"三个词分别进行危害程度的警示。具体规定见表 2-1 所示。当某种化学品具有两种及两种以上的危险性时，用危险性最大的警示词。警示词位于化学品名称的下方，要求醒目、清晰。

表 2-1　警示词与化学品危险性类别的对应关系

警示词	化学品危险性类别						
危险	爆炸品　　易燃气体　　有毒气体　　低闪点液体　　一级自燃物品　　剧毒品　　一级遇湿易燃物品　　一级氧化剂　　有机过氧化物　　一级酸性腐蚀品						
警告	不燃气体　　中闪点液体　　一级易燃固体　　二级自燃物品　　二级遇湿易燃物品　　二级氧化剂　　有毒品　　二级酸性腐蚀品						
注意	高闪点液体　　二级易燃固体　　有害品　　二级碱性腐蚀品　　其他腐蚀品						

（3）危险性概述　简要概述化学品燃烧爆炸危险性、健康危害和环境危害。居警示词下方。

（4）安全措施　表述化学品在处置、搬运、存储和使用作业中所必须注意的事项和发生意外时简单有效的救护措施等。要求内容简明扼要、重点突出。

（5）灭火　化学品为易（可）燃或助燃物质，应提示有效的灭火剂和禁用的灭火剂以及灭火注意事项。

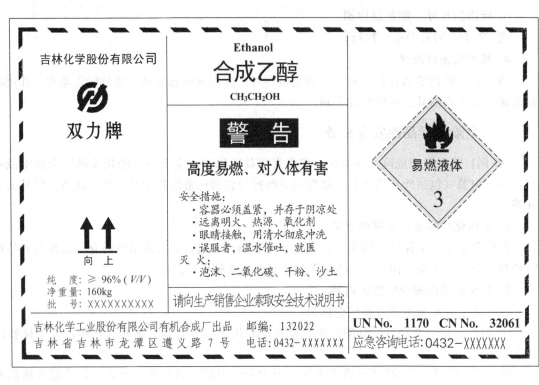

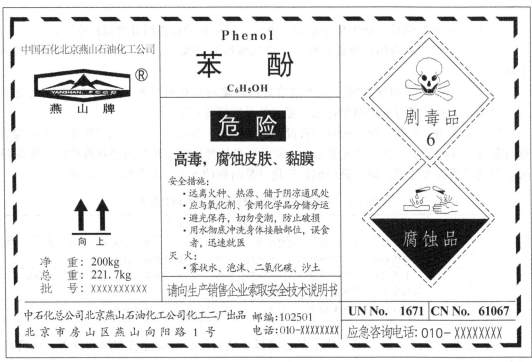

图 2-3　危险化学品安全标签样例

（6）批号　注明生产日期及生产班次。

（7）提示向生产销售企业索取安全技术说明书。

（8）生产企业名称、地址、邮编、电话。

（9）应急咨询电话 填写化学品生产企业的应急咨询电话和国家化学事故应急咨询电话。

3. 标签使用注意事项

（1）标签的粘贴、挂挂、喷印应牢固，保证在运输、储存期间不脱落、不损坏。

（2）标签应由生产企业在货物出厂前粘贴、挂挂、喷印。若要改换包装，则由改换包装单位重新粘贴、挂挂、喷印标签。

（3）盛装危险化学品的容器或包装，在经过处理并确认其危险性完全消除之后，方可撕下标签，否则不能撕下相应的标签。

三、危险化学品的安全技术说明书

1. 危险化学品安全技术说明书的定义

危险化学品安全技术说明书是一份关于危险化学品燃爆、毒性和环境危害以及安全使用、泄漏应急处理、主要理化参数、法律法规等方面信息的综合性文件。

化学品安全技术说明书国际上称作化学品安全信息卡，简称 MSDS 或 CSDS。

2. 危险化学品安全技术说明书的主要作用

（1）是化学品安全生产、安全流通、安全使用的指导性文件。

（2）是应急作业人员进行应急作业时的技术指南。

（3）为制订危险化学品安全操作规程提供技术信息。

（4）是企业进行安全教育的重要内容。

3. 危险化学品安全技术说明书的内容

危险化学品安全技术说明书包括以下十六个部分的内容。

（1）化学品及企业标识 主要标明化学品名称、生产企业名称、地址、邮编、电话、应急电话、传真等信息。

（2）成分/组成信息 标明该化学品是纯化学品还是混合物，如果其中含有有害性组分、则应给出化学文摘索引登记号（CAS号）。

（3）危险性概述 简述本化学品最重要的危害和效应，主要包括：危险类别、侵入途径、健康危害、环境危害、燃爆危险等信息。

（4）急救措施 主要是指作业人员受到意外伤害时，所需采取的现场自救或互救的简要的处理方法，包括：眼睛接触、皮肤接触、吸入、食入的急救措施。

（5）消防措施 主要表示化学品的物理和化学特殊危险性，合适灭火介质，不合适的灭火介质以及消防人员个体防护等方面的信息，包括：危险特性、灭火介质和方法，灭火注意事项等。

（6）泄漏应急处理 指化学品泄漏后现场可采用的简单有效的应急措施和消除方法、注意事项和消除方法，包括：应急行动、应急人员防护、环保措施、消除方法等内容。

（7）操作处理与存储 主要是指化学品操作处理和安全储存方面的信息资料，包括：操作处置作业中的安全注意事项、安全储存条件和注意事项。

（8）接触控制/个体防护 主要指为保护作业人员免受化学品危害而采用的防护方法和手段，包括：最高允许浓度、工程控制、呼吸系统防护、眼睛防护、身体防护、手防护、其他防护要求。

（9）理化特性 主要描述化学品的外观及主要理化性质。

（10）**稳定性和反应性**　主要叙述化学品的稳定性和反应活性方面的信息。

（11）**生态学资料**　主要叙述化学品的环境生态效应、行为和转归。

（12）**毒理学资料**　主要是指化学品的毒性、刺激性、致癌性等。

（13）**废弃处理**　包括危险化学品的安全处理方法和注意事项。

（14）**运输信息**　主要是指国内、国际化学品包装、运输的要求及规定的分类和编号。

（15）**法规信息**　主要指化学品管理方面的法律条款和标准。

（16）**其他信息**　主要提供其他对安全有重要意义的信息，如填表时间、数据审核单位等。

4. 使用要求

（1）安全技术说明书由化学品的生产供应企业编印，在交付商品时提供给用户，作为用户的一种服务，随商品在市场上流通。

（2）危险化学品的用户在接收使用化学品时，要认真阅读安全技术说明书，了解和掌握其危险性。

（3）根据危险化学品的危险性，结合使用情形，制定安全操作规程，培训作业人员。

（4）按照安全技术说明书制订安全防护措施。

（5）按照安全技术说明书制订急救措施。

（6）安全技术说明书的内容，每五年要更新一次。

第三节　危险化学品包装、储存与运输

一、危险化学品的包装

工业产品的包装是现代工业中不可缺少的组成部分。一种产品从生产到使用者手中，一般要经过多次装卸、储存、运输的过程。在这个过程中，产品将不可避免地受到碰撞、跌落、冲击和振动。一个好的包装，将会很好地保护产品，减少运输过程中的破损，使产品安全地到达用户手中。这一点，对于危险化学品显得尤为重要。包装方法得当，就会降低储存、运输中的事故发生率，否则，就会有可能导致重大事故。

为了加强危险化学品的包装的管理，国家制定了一系列相关法律、法规和标准，如2002年3月15日施行的《危险化学品安全管理条例》对危险化学品包装的定点、使用和监督检查都作了具体规定；2002年11月15日，国家经贸委第37号令颁布实施《危险化学品包装物、容器定点生产管理办法》，对危险化学品包装物、容器定点企业的基本条件、申请申报的材料、审批、监督管理和违规处罚作了详细规定，以切实加强危险化学品包装物、容器生产的管理，保证危险化学品包装物、容器的质量，保证危险化学品储存、搬运、运输和使用安全。

1. 危险化学品包装的有关规定

《条例》第五条规定：国家经济贸易管理部门负责全国危险化学品包装物、容器专业生产企业的审查和定点，但现在由国家安全生产监督管理局负责行使；质检部门负责发放危险化学品及其包装物、容器的生产许可证，负责对危险化学品包装物、容器的产品质量实施监督，并负责前述事项的监督检查。

《条例》第二十条规定：危险化学品的包装必须符合国家法律、法规、规章的规定和国家标准的要求；危险化学品包装的材质、形式、规格、方法和单件质量（重量），应当与所包装的危险化学品的性质和用途相适应，便于装卸、运输和储存。

《条例》第二十一条规定：危险化学品的包装物、容器，必须由省、自治区、直辖市人民政府经济贸易管理部门审查合格的专业生产企业定点生产，并经国务院质检部门认可的专业检测、检验机构检测、检验合格，方可使用；重复使用的危险化学品包装物、容器在使用前，应当进行检查，并作出记录；检查记录应当至少保存 2 年；质检部门应当对危险化学品的包装物、容器的产品质量进行定期的或者不定期的检查。

《条例》第三十六条规定：用于危险化学品运输工具的槽罐以及其他容器，必须依照本条例第二十一条的规定，由专业生产企业定点生产，并经检测、检验合格，方可使用；质检部门应当对专业生产企业定点生产的槽罐以及其他容器的产品质量进行定期的或者不定期的检查。

《条例》第五十九条规定了违背前面条款规定将承担相应的法律责任。

2. 包装类别

危险化学品的包装（除第 1 类：爆炸品；第 2 类：压缩气体和液化气体；第 4 类第 2 项：自燃物品；第 5 类：氧化剂和有机过氧化物以外）按其危险程度划分为以下三个包装类别。

Ⅰ类包装：货物具有大的危险性，包装强度要求高。

Ⅱ类包装：货物具有中等危险性，包装强度要求较高。

Ⅲ类包装：货物具有小的危险性，包装强度要求一般。

应当按照危险化学品的不同类、项及有关的定量值确定其包装类别。

3. 包装的基本要求

（1）危险货物运输包装应结构合理，具有一定强度，防护性能好。包装的材质、形式、规格、方法和单件质量（重量），应与所装危险货物的性质和用途相适应，并便于装卸、运输和储存。

（2）包装应质量良好，其构造和封闭形式应能承受正常运输条件下的各种作业风险，不应因温度、湿度或压力的变化而发生任何渗（撒）漏，包装表面应清洁，不允许黏附有害的危险物质。

（3）包装与内装物直接接触部分，必要时应有内涂层或进行防护处理，包装材质不得与内装物发生化学反应而形成危险产物或导致削弱包装强度。

（4）内容器应固定。如属易碎性的应使用与内装物性质相适应的衬垫材料或吸附材料衬垫妥实。

（5）盛装液体的容器，应能经受在正常运输条件下产生的内部压力。灌装时必须留有足够的膨胀余量（预留容积），除另有规定外，并应保证在温度 55℃ 时，内装液体不致完全充满容器。

（6）包装封口应根据内装物性质采用严密封口、液密封口或气密封口。

（7）盛装需要浸湿或加有稳定剂的物质时，其容器封闭形式应能有效地保证内装液体（水、溶剂和稳定剂）的百分比，在储运期间保持在规定的范围以内。

（8）有降压装置的包装，其排气孔设计和安装应能防止内装物泄漏和外界杂质进入，排出的气体量不得造成危险和污染环境。

（9）复合包装的内容器和外包装应紧密贴合，外包装不得有擦伤内容器的凸出物。

（10）无论是新型包装、重复包装，还是修理过的包装均应符合危险货物运输包装性能试验要求。

（11）盛装爆炸品包装的附加要求：

① 盛装液体爆炸品容器的封闭形式，应具有防止渗漏的双重保护；

② 除内包装能充分防止爆炸品与金属物接触外，铁钉和其他没有防护涂料的金属部件不得穿透外包装；

③ 双重卷边接合的钢桶，金属桶或以金属做衬里的包装箱，应能防止爆炸物进入隙缝。钢桶或铝桶的封闭装置必须有合适的垫圈；

④ 包装内的爆炸物质和物品，包括内容器，必须衬垫妥实，在运输过程中不得发生危险性移动；

⑤ 盛装有对外部电磁辐射敏感的电引发装置的爆炸物品，包装应具备防止所装物品受外部电磁的辐射源影响的功能。

图 2-4　包装储运图示标志

4. 包装容器

危险化学品包装物、容器是根据危险化学品的特性，按照有关法规、标准专门设计制造的用于盛装危险化学品的桶、罐、瓶、箱、袋等包装物和容器。

5. 危险化学品包装标志及标记代号

（1）包装储运图示标志　国家标准 GB 191—2000《包装储运图示标志》规定了运输包装件上提醒储运人员注意的一些图示符号。如防雨、防晒、易碎等，图 2-4 和图 2-5 所示，供操作人员在装卸时能针对不同情况进行相应的操作。

（2）危险货物包装标志　国家标准 GB 190—1990《危险货物包装标志》规定了危险货物图示标志的类别、名称、尺寸和颜色。标志的图形共 21 种、19 个名称，其图形分别标示了 9 类危险货物的主要特性（见图 2-5）；标志的尺寸一般分为 4 种（见表 2-2）。

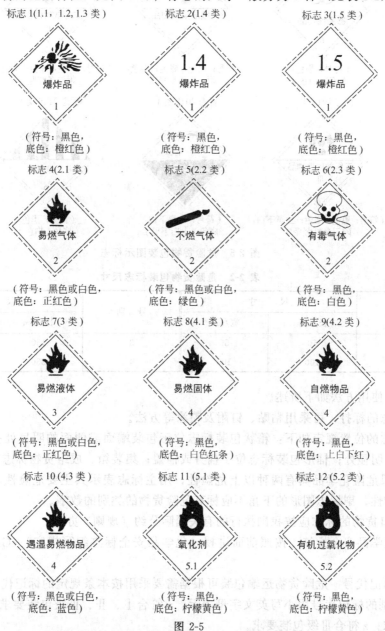

图 2-5

图 2-5　危险货物包装图示标志

表 2-2　危险货物包装标志尺寸

号　别	尺　寸		号　别	尺　寸	
	长/mm	宽/mm		长/mm	宽/mm
1	50	50	3	150	150
2	100	100	4	250	250

标志的使用方法如下所述。

① 标志的标打，可采用粘贴、钉附及喷涂等方法。

② 标志的位置规定如下：箱状包装标志位于包装端面或侧面的明显处；袋、捆包装标志位于包装明显处；桶形包装标志位于桶身或桶盖；集装箱、成组货物标志粘贴四个侧面。

③ 如果危险化学品具有两种以上危险性，用主标志表示其主要危险性，用副标志表示其次要危险性，副标志图形的下角不应标有危险货物的类别的数字。

④ 出口货物的标志应按我国执行的有关国际公约（规则）办理。

（3）化学品安全标签　按照前面讲授《化学品安全标签编写规定》（GB 15258—1999）要求执行。

（4）标记代号　危险货物运输包装可根据需要采用按本条规定的标记代号。

① 级别的标记代号用小写英文字母表示，x 符合Ⅰ、Ⅱ、Ⅲ级包装要求；y 符合Ⅱ、Ⅲ级包装要求；z 符合Ⅲ级包装要求。

② 包装容器的标记代号用阿拉伯数字表示。

③ 包装容器的材质标记代号用大写英文字母表示。

④ 包装件组合类型标记代号的表示方法

a. 单一包装型号由一个阿拉伯数字和一个英文字母组成，英文字母表示包装容器的材质，其左边平行的阿拉伯数字代表包装容器的类型。英文字母右下方的阿拉伯数字，代表同一类型包装容器不同开口的型号。

例如：1A——表示钢桶；

　　　　1A$_1$——表示小开口钢桶；

b. 复合包装型号由一个表示复合包装的阿拉伯数字"6"和一组表示包装材质和包装形式的字符组成。这组字符为两个大写英文字母和一个阿拉伯数字。第一个英文字母表示内包装的材质，第二个英文字母表示外包装的材质，右边的阿拉伯数字表示包装形式。

例如：6HA1 表示内包装为塑料容器，外包装为钢桶的复合包装。

二、危险化学品的运输

运输是危险化学品流通过程中的一个重要环节，在每年各种事故统计中，危险化学品运输事故占有相当大的比例。《安全生产法》和《危险化学品安全管理条例》对危险化学品运输作了相关规定和要求。其目的是要加强对危险化学品运输安全管理，防止事故发生。

1. 危险化学品运输资质认定

（1）运输资质认定　《条例》第三十五条规定：国家对危险化学品的运输实行资质认定制度；未经资质认定，不得运输危险化学品。交通部《道路货物运输企业经营资质管理办法》和《道路危险货物运输管理规定》要求，凡申请从事营业性道路危险货物运输的单位，及已取得营业性道路运输经营资格需增加危险货物运输经营项目的单位，应向当地县级道路运政管理机关提出书面申请，如符合条件的，发给加盖道路危险货物运输用章的《道路运输经营许可证》和《道路运输营运证》，方可经营道路危险货物运输。严禁个体运输业户和车辆从事道路化学危险货物运输经营活动。对已取得道路危险货物运输经营许可的个体运输户，必须在限定期限内注销其经营许可证件。水路运输按《国内船舶运输经营物资管理规定》办法执行。

《条例》第三十七条规定：危险化学品运输企业，应当对其驾驶员、船员、装卸管理人员、押运人员进行有关安全知识培训；驾驶员、船员、装卸管理人员、押运人员必须掌握危险化学品运输的安全知识，并经所在地设区的市级人民政府交通部门考核合格（船员经海事管理机构考核合格），取得上岗资格证，方可上岗作业。危险化学品的装卸作业必须在装卸管理人员的现场指挥下进行。

运输危险化学品的驾驶员、船员、装卸人员和押运人员必须了解所运载的危险化学品的性质、危害特性、包装容器的使用特性和发生意外时的应急措施。运输危险化学品，必须配备必要的应急处理器材和防护用品。

（2）运输中的一般规定

①《条例》第四十一条规定：托运人托运危险化学品，应当向承运人说明运输的危险化学品的品名、数量、危害、应急措施等情况；运输危险化学品需要添加抑制剂或者稳定剂的，托运人交付托运时应当添加抑制剂或者稳定剂，并告知承运人；托运人不得在托运的普通货物中夹带危险化学品，不得将危险化学品匿报或者谎报为普通货物托运。

②《条例》第四十二条规定：运输、装卸危险化学品，应当依照有关法律、法规、规章

的规定和国家标准的要求并按照危险化学品的危险特性，采取必要的安全防护措施；运输危险化学品的槽罐以及其他容器必须封口严密，能够承受正常运输条件下产生的内部压力和外部压力，保证危险化学品在运输中不因温度、湿度或者压力的变化而发生任何渗（洒）漏。

③《条例》第四十三条规定：通过公路运输危险化学品，必须配备押运人员，并随时处于押运人员的监管之下，不得超装、超载，不得进入危险化学品运输车辆禁止通行的区域；确需进入禁止通行区域的，应当事先向当地公安部门报告，由公安部门为其指定行车时间和路线，运输车辆必须遵守公安部门规定的行车时间和路线；危险化学品运输车辆禁止通行区域，由设区的市级人民政府公安部门划定，并设置明显的标志；运输危险化学品途中需要停车住宿或者遇有无法正常运输的情况时，应当向当地公安部门报告。

2. 危险化学品运输的要求

（1）托运危险化学品必须出示有关证明，向指定铁路、交通、航运等部门办理手续。托运物品必须与托运单上所列的品名相符，托运未列入国家品名表的危险物品，应附交上级主管部门审核同意的技术鉴定书。

（2）危险物品装卸运输人员，应按装运危险物品的性质，佩戴相应的防护用品，装卸时必须轻装轻卸，严禁摔拖、重压和摩擦，不得损坏包装容器，并注意标志，堆放稳妥。

（3）危险物品装卸前，应对车（船）搬运工具进行必要的通风和清扫，不得留有残渣，对装有剧毒物品的车（船），卸车后必须洗刷干净。

（4）装运爆炸、剧毒、放射性、易燃液体、可燃气体等物品，必须使用符合安全要求的运输工具。

① 禁止用电瓶车、翻斗车、铲车、自行车等运输爆炸物品。运输强氧化剂、爆炸品及铁桶包装的一级易燃液体时，没有采取可靠的安全措施，不得用铁底板车及汽车挂车。

② 禁止用叉车、翻斗车、铲车搬运易燃、易爆危险物品。

③ 温度较高地区装运液化气体和易燃气体等危险物品，要有防晒设施。

④ 放射性物品应用专用运输搬运车和抬架搬运，装卸机械应按规定负荷降低 25%。

⑤ 遇水易燃物品及有毒物品，禁止用小型机帆船、小木船和水泥船承运。

（5）运输爆炸、剧毒和放射性物品，应指派专人押运，押运人员不得少于两人。

（6）运输危险物品的车辆，必须保持安全的车速，保持车距，严禁超车，超速和强行会车。运输危险物品的行车路线，必须事先经当地公安交通管理部门批准，按指定的路线和时间运输，不可在繁华街道行驶和停留。

（7）运输危险化学品的车辆应专车专用，并有明显标志，要符合交通管理部门对车辆和设备的规定：

① 车厢底板必须平坦完好，周围栏板必须牢固；

② 机动车辆排气管应装阻火器，电路系统应有切断总电源和隔离火花的装置；

③ 车辆必须按照国家标准 GB 13392《道路运输危险货物车辆标志》悬挂规定的标志和标志灯；

④ 根据装卸危险化学品货物的性质，配备相应的消防器材。

（8）蒸汽机车在调车作业中，对装载易燃、易爆物品的车辆，必须挂不少于 2 节的隔离车，并严禁溜放。

（9）运输散装固体危险物品，应根据性质，采取防火、防爆、防水、防粉尘飞扬和遮阳等措施。

（10）禁止无关人员搭乘运输危险化学品的车、船和其他运输工具。

（11）运输爆炸品以及需凭证运输的危险化学品，应有运往地县、市公安部门的《爆炸品准运证》或《危险化学品准运证》。

（12）运输危险化学品车辆、船只应有防火安全措施。

（13）易燃品闪点在28℃以下，气温高于28℃时应在夜间运输。性质或消防方法相互抵触，以及配装号或类项不同的危险化学品不能装载同一车、船内运输。

（14）危险化学品运输的包装应符合GB 12463的规定。

（15）装运集装箱、大型气瓶、可移动罐（槽）等的车辆，必须设置有效的紧固装置。

（16）通过铁路、航空运输危险化学品的，按照国务院铁路、民航部门的有关规定执行。

3. 剧毒化学品运输

（1）《条例》第三十九条规定：通过公路运输剧毒化学品的，托运人应当向目的地的县级人民政府公安部门申请办理剧毒化学品公路运输通行证；办理剧毒化学品公路运输通行证，托运人应当向公安部门提交有关危险化学品的品名、数量、运输始发地和目的地、运输路线、运输单位、驾驶人员、押运人员、经营单位和购买单位资质情况的材料；剧毒化学品公路运输通行证的式样和具体申领办法由国务院公安部门制定。

（2）《条例》第四十条规定：禁止利用内河以及其他封闭水域等航运渠道运输剧毒化学品以及国务院交通部门规定禁止运输的其他危险化学品；利用内河以及其他封闭水域等航运渠道运输前款规定以外的危险化学品的，只能委托有危险化学品运输资质的水运企业承运，并按照国务院交通部门的规定办理手续，接受有关交通部门（港口部门、海事管理机构）的监督管理；运输危险化学品的船舶及其配载的容器必须按照国家关于船舶检验的规范进行生产，并经海事管理机构认可的船舶检验机构检验合格，方可投入使用。

（3）《条例》第四十四条规定：剧毒化学品在公路运输途中发生被盗、丢失、流散、泄漏等情况时，承运人及押运人员必须立即向当地公安部门报告，并采取一切可能的警示措施。公安部门接到报告后，应当立即向其他有关部门通报情况；有关部门应当采取必要的安全措施。

（4）通过铁路运输剧毒化学品时，必须按照铁道部铁运［2002］21号《铁路剧毒品运输跟踪管理暂行规定》执行：

① 必须在铁道部批准的剧毒品办理站或专用线、专用铁路办理；

② 剧毒品仅限采用毒品专用车、企业自备车和企业自备集装箱运输；

③ 必须配备两名以上押运人员；

④ 填写运单一律使用黄色纸张印刷，并在纸张上印有骷髅图案；

⑤ 铁道部运输局负责全路剧毒品运输跟踪管理工作；

⑥ 铁路不办理剧毒品的零担发送业务。

三、危险化学品的储存

储存是化学品流通过程中非常重要的一个环节，处理不当，就会造成事故。如深圳清水河危险品仓库爆炸事故，给国家财产和人民生命造成了巨大损失。为了加强对危险化学品的管理，国家制定了一系列法规和标准，对危险化学品储藏养护技术条件、审批制度、安全储存都提出了具体要求。

1. 危险化学品储存的定义与种类

储存是指产品在离开生产领域而尚未进入消费领域之前，在流通过程中形成的一种停留。生产、经营、储存、使用危险化学品的企业都存在危险化学品的储存问题。

危险化学品的储存根据物质的理化性质和储存量的多少分为整装储存和散装储存两类。

整装储存是将物品装于小型容器或包装件中储存。如各种瓶装、袋装、桶装、箱装或钢瓶装的物品。这种储存往往存放的品种多，物品的性质复杂，比较难管理。

散装储存是指物品不带外包装的净货储存。量比较大，设备、技术条件比较复杂，如有机液体危险化学品甲醇、苯、乙苯、汽油等，一旦发生事故难以施救。

无论整装储存还是散装储存都潜在有很大的危险。所以，经营、储存保管人员必须用科学的态度从严管理，万万不能马虎从事。

2. 危险化学品储存分类

根据危险化学品的特性和仓库建筑要求及养护技术要求将危险化学品归为三类：易燃易爆性物品、毒害性物品和腐蚀性物品。

（1）易燃易爆性物品的分类　易燃易爆性物品包括爆炸品、压缩气体和液化气体、易燃液体、易燃固体、自燃物品、遇湿易燃物品氧化剂和有机过氧化物。在储存过程中按照危险化学品储存火灾危险性的建设设计防火规范分为五类。

甲类：

① 闪点＜28℃的液体，如丙酮闪点−20℃、乙醇闪点12℃。

② 爆炸下限＜10％的气体，以及受到水或空气中水蒸气的作用，能产生爆炸下限＜10％气体的固体物质。如爆炸下限＜10％的气体丁烷，爆炸下限是1.9％、甲烷爆炸下限是5.0％；固体物质碳化钙（电石）遇到水发生反应产生爆炸下限＜10％气体乙炔（电石气），乙炔的爆炸极限是2.8％～80％。

③ 常温下能自行分解或在空气中氧化即能导致迅速自燃或爆炸的物质，如硝化棉、黄磷。

④ 常温下受到水或空气中水蒸气的作用能产生可燃气体并引起燃烧或爆炸的物质，如金属钠、金属钾。

⑤ 遇酸、受热、撞击、摩擦以及遇有机物或硫黄等易燃的无机物，极易引起燃烧或爆炸的强氧化剂，如氯酸钾、氯酸钠。

⑥ 受撞击、摩擦或与氧化剂、有机物接触时能引起燃烧或爆炸的物质，如五硫化磷、三硫化磷等。

乙类：

① 闪点≥28℃至＜60℃的液体，如松节油闪点35℃、异丁醇闪点28℃。

② 爆炸下限＞10％的气体，如氨气、液氨等。

③ 不属于甲类的氧化剂，如重铬酸钠、铬酸钾等。

④ 不属于甲类的化学易燃危险固体，如硫黄、工业萘等。

⑤ 助燃气体，如氧气。

⑥ 常温下与空气接触能缓慢氧化、积热不散引起自燃的物品。

丙类：

① 闪点≥60℃的液体，如糠醛闪点75℃、环己酮闪点63.9℃、苯胺闪点70℃。

② 可燃固体，如天然橡胶及其制品。

丁类：难燃烧物品

戊类：非燃烧物品

（2）毒害性物品的分类

毒害性物品按毒性大小划分标准是：

① 一级毒害品经口摄取半数致死量：固体 $LD_{50}\leqslant50mg/kg$，液体 $LD_{50}\leqslant200mg/kg$；经皮肤接触 24h 半数致死量 $LD_{50}\leqslant200mg/kg$；粉尘、烟雾吸入半数致死质量浓度 $LD_{50}\leqslant2mg/L$ 及蒸气吸入半数致死质量浓度 $LC_{50}\leqslant2mg/L$ 及蒸气吸入半数致死体积分数 $LC_{50}\leqslant200ml/m^3$。

一级毒害品又分为两种：一种为一级无机毒害品，如氰化钾、三氧化（二）砷等；另一种为一级有机毒害品，如有机磷、硫的化合物（农药）等。

凡是一级毒害品都属于剧毒品。

② 二级毒害品经口摄取半数致死量：固体 LD_{50} 50～500mg/kg，液体 LD_{50} 200～2000mg/kg；经皮肤接触 24h 半数致死量 LD_{50} 200～1000mg/kg；粉尘、烟雾吸入半数致死质量浓度 LD_{50} 2～10mg/L 及蒸气吸收半数致死体积分数 LD_{50} 200～1000mL/m³。

二级毒害品又分为两种，一种为二级无机毒害品，如汞、铅、钡、氟的化合物等；另一种为二级有机毒害品，如二苯汞等。

（3）腐蚀性物品的分类

按腐蚀性强度和化学组成可分为三类：第一类为酸性腐蚀品，一级酸性腐蚀品、二级酸性腐蚀品；第二类为碱性腐蚀品，一级碱性腐蚀品、二级碱性腐蚀品；第三类为其他腐蚀品，一级其他腐蚀品、二级其他腐蚀品。

① 一级腐蚀品能使动物皮肤在 3min 内出现可见坏死现象，并能在 3～60min 再现可见坏死现象的同时产生有毒蒸气。

一级无机酸性腐蚀品。如硝酸、硫酸、五氯化磷、二氯化硫等。

一级有机酸性腐蚀品。如甲酸、氯乙酰氯等。

一级无机碱性腐蚀品。如氢氧化钠、硫化钠等。

一级有机碱性腐蚀品。如乙醇钠、二丁胺等。

一级其他腐蚀品。如苯酚钠、氟化铬等。

② 二级腐蚀品能使动物皮肤在 4h 内出现可见坏死现象，并在 55℃时对钢或铝的表面年腐蚀率超过 6.25mm 的物品。

二级无机酸性腐蚀品。如正磷酸、四溴化锡等。

二级有机酸性腐蚀品。如冰醋酸、醋酸酐等。

二级碱性腐蚀品。如氧化钙、二环己胺等。

二级其他腐蚀品。如次氯酸钠溶液等。

3. 危险化学品储存的要求和条件

（1）危险化学品储存的审批制度 危险化学品储存的规划在《条例》第七条规定：国家对危险化学品的生产和储存实行统一规划、合理布局和严格控制，并对危险化学品生产、储存实行审批制度；未经审批，任何单位和个人都不得生产、储存危险化学品。

设区的市级人民政府根据当地经济发展的实际需要，在编制总体规划时，应当按照确保安全的原则规划适当区域专门用于危险化学品的生产、储存。

《条例》第十条规定：除运输工具加油站、加气站外，危险化学品的生产装置和储存数量构成重大危险源的储存设施，与居民区、商业中心、公园等人口密集区域；学校、医院、影剧院、体育场（馆）等公共设施；供水水源、水厂及水源保护区；车站、码头（按照国家规定，经批准，专门从事危险化学品装卸作业的除外）、机场以及公路、铁路、水路交通干线、地铁风亭及出入口；基本农田保护区、畜牧区、渔业水域和种子、种畜、水产苗种生产基地；河流、湖泊、风景名胜区和自然保护区；军事禁区、军事管理区和法律、行政法规规定予以保护的其他区域的距离必须符合国家标准或者国家有关规定。

已建危险化学品的生产装置和储存数量构成重大危险源的储存设施不符合前款规定的，由所在地设区的市级人民政府负责危险化学品安全监督管理综合工作的部门监督其在规定期限内进行整顿；需要转产、停产、搬迁、关闭的，报本级人民政府批准后实施。

危险化学品储存的审批条件在《条例》第八条明确规定危险化学品生产、储存企业，必须具备下列条件：

① 有符合国家标准的生产工艺、设备或者储存方式、设施；

② 工厂、仓库的周边防护距离符合国家标准或者国家有关规定；

③ 有符合生产或者储存需要的管理人员和技术人员；

④ 有健全的安全管理制度；

⑤ 符合法律、法规规定和国家标准要求的其他条件。

申请和审批程序在《条例》第九条和第十一条有明确的规定。

（2）危险化学品储存的基本要求

① 危险化学品的储存必须遵照国家法律、法规和其他有关的规定。

② 危险化学品必须储存在经有关部门批准设置的专门的危险化学品仓库中，经销部门自管仓库储存危险化学品及储存数量必须经有关部门批准。未经批准不得随意设置危险化学品储存仓库。

③ 危险化学品露天堆放，应符合防火、防爆的安全要求，爆炸物品、一级易燃物品、遇湿燃烧物品、剧毒物品不得露天堆放。

④ 储存危险化学品的仓库必须配备有专业知识的技术人员，其库房及场所应设专人管理，同时必须配备可靠的个人防护用品。

⑤ 储存危险化学品分类可按爆炸品、压缩气体和液化气体、易燃液体、易爆固体、自燃物品和遇湿易燃物品、氧化剂和有机过氧化物、毒害品、放射性物品、腐蚀品等分类。

⑥ 储存危险化学品应有明显的标志，标志应符合 GB 190 的规定。如同一区域储存两种以上不同级别的危险品时，应按最高等级危险物品的性能标示。

⑦ 储存危险化学品应根据危险品性能分区、分类、分库储存。各类危险品不得与禁忌物料混合储存。

⑧ 储存危险化学品的建筑物、区域内严禁吸烟和使用明火。

（3）危险化学品储存的条件　危险化学品储存的条件按照易燃易爆物品、腐蚀性物品和毒害性物品三类介绍。

① 化学危险物品混存性能互抵见表 2-3。其储存的库房，应冬暖夏凉、干燥、易于通风、密封和避光。爆炸品宜储存于一级轻顶耐火建筑的库房内；低、中闪点液体、一级易燃固体、自燃物品、压缩气体和液化气体类宜储存于一级耐火建筑的库房内；遇湿易燃物品、氧化剂和有机过氧化物可储存于一、二级耐火建筑的库房内；二级易燃固体、高闪点液体可储存于耐火等级不低于三级的库房内。

其库房环境卫生应无杂草和易燃物；库房内清洁，地面无漏撒物品，保持地面与货垛清洁卫生。

② 腐蚀性物品储存库房应是阴凉、干燥、通风、避光的防火建筑。建筑材料最好经过防腐蚀处理。

储存发烟硝酸、溴素、高氯酸的库房应是低温、干燥通风的一、二级耐火建筑。溴氢酸、磺氢酸要避光储存。

表2-3　化学危险物品混存性能互抵表

化学危险物品分类 分类 / 小类	爆炸性物品 点火器材	爆炸性物品 起爆器材	爆炸性物品 爆炸及爆炸性物品	爆炸性物品 其他爆炸品	氧化剂 一级无机	氧化剂 二级无机	氧化剂 二级有机	压缩气体和液化气体 剧毒	压缩气体和液化气体 易燃	压缩气体和液化气体 助燃	压缩气体和液化气体 不燃	自燃物品 一级	自燃物品 二级	遇水燃烧物品 一级	遇水燃烧物品 二级	易燃液体 一级	易燃液体 二级	易燃固体 一级	易燃固体 二级	毒害性物品 剧毒无机	毒害性物品 剧毒有机	毒害性物品 有毒无机	毒害性物品 有毒有机	腐蚀性物品 酸性无机	腐蚀性物品 碱性无机	腐蚀性物品 有机有机	放射性物品
爆炸性物品 点火器材	○	○	○	○	×	×	×	×	×	×	×	×	×	×	×	×	×	×	×	×	×	×	×	×	×	×	×
起爆器材	○	×	×	×	×	×	×	×	×	×	×	×	×	×	×	×	×	×	×	×	×	×	×	×	×	×	×
爆炸及爆炸性物品	○	×	○	×	×	×	×	×	×	×	×	×	×	×	×	×	×	×	×	×	×	×	×	×	×	×	×
其他爆炸品	○	×	×	×	×	×	×	×	×	×	×	×	×	×	×	×	×	×	×	×	×	×	×	×	×	×	×
氧化剂 一级无机					①	○	○	○	×	×	×	×	×	×	×	×	×	×	×	分	分	×	×	×	×	×	×
一级有机						○	○	○	×	×	×	×	×	×	×	×	×	×	×	分	分	×	×	×	×	×	×
二级无机					②	×	○	○	×	×	×	×	×	×	×	×	×	×	×	分	分	×	×	消	×	×	×
二级有机							×	○	×	×	×	×	×	×	×	×	×	×	×	分	分	×	×	×	×	×	×
压缩气体和液化气体 剧毒（液氨和液氯有抵触）								○	○	○	○	×	×	×	×	×	×	×	×					×	×	×	×
易燃									○	×	○	×	×	×	×	×	×	×	×					×	×	×	×
助燃										○	○	×	×	×	×	×	×	×	×					×	×	×	×
不燃											○	○	○	○	○	○	○	○	○					×	×	×	×
自燃物品 一级												○	○	×	×	×	×	×	×					消	×	×	×
二级													○	×	×	×	×	×	×					消	×	×	×
遇水燃烧物品 一级														○	○	×	×	×	×					×	×	×	×
二级															○	×	×	×	×					×	×	×	×
易燃液体 一级																○	○							○	○	○	○
二级																	○								○	○	○

续表

化学危险物品分类	爆炸性物品				氧化剂				压缩气体和液化气体				自燃物品		遇水燃烧物品		易燃液体		易燃固体		毒害性物品				腐蚀性物品				放射性物品
	点火器材	起爆器材	爆炸及爆炸性物品	其他爆炸性物品	一级无机	一级有机	二级无机	二级有机	剧毒	易燃	助燃	不燃	一级	二级	一级	二级	一级	二级	一级	二级	剧毒无机	剧毒有机	有毒无机	有毒有机	酸性无机	酸性有机	碱性无机	碱性有机	
易燃固体 一级	×	×	×	×	分	分	分	分	×	分	×	×	分	分	×	×	分	分											
易燃固体 二级	×	×	×	×	分	分	分	分	×	分	×	×	分	分	×	×	分	分	分										
毒害性物品 剧毒无机	×	×	×	×	分	×	分	×	分	分	分	×	×	×	×	×	消	消	消	消									
毒害性物品 剧毒有机	×	×	×	×	分	分	分	分	分	分	分	×	×	×	×	×	消	消	消	消	○								
毒害性物品 有毒无机	×	×	×	×	分	×	分	×	分	分	分	×	×	×	×	×	消	消	消	消	○	○							
毒害性物品 有毒有机	×	×	×	×	分	分	分	分	分	分	分	×	×	×	×	×	消	消	消	消	○	○	○						
腐蚀性物品 酸性无机	×	×	×	×	×	×	×	×	分	分	分	×	×	×	×	×	消	消	消	消	×	×	×	×					
腐蚀性物品 酸性有机	×	×	×	×	×	×	×	×	分	分	分	×	×	×	×	×	消	消	消	消	×	×	×	×	○				
腐蚀性物品 碱性无机	×	×	×	×	×	×	×	×	×	×	×	×	×	×	×	×	×	×	×	×	×	×	×	×	×	×			
腐蚀性物品 碱性有机	×	×	×	×	×	×	×	×	×	×	×	×	×	×	×	×	×	×	×	×	×	×	×	×	×	×	○		
放射性物品	×	×	×	×	×	×	×	×	×	×	×	×	×	×	×	×	×	×	×	×	×	×	×	×	×	×	×	×	○

注：
"×"符号表示不可以混存；
"○"符号指应对化学危险品的分类进行分区分类储存，但消防施救方法不同，条件许可时最好分存；
"分"指两种化学危险物品性能并不互相抵触，因其性能并不互相抵触，如果物品不多或仓位不够位时，也可以混存；
"消"指混存化学危险物品时，货垛与货架之间，必须留有1m以上的距离，不使两种物品发生接触。

凡混存物品，货垛与货架之间，必须留有1m以上的距离，不使两种物品发生接触。

① 说明过氧化钠等过氧化物不宜和无机氧化剂混存。
② 说明具有还原性的亚硝酸钠等亚硝酸盐类，不宜和其他无机氧化剂混存。

其库房环境卫生应无杂物、易燃物应及时清理，排水沟畅通；房内地面、门窗、货架应经常打扫，保持清洁。

③ 毒害性物品储存库房结构完整、干燥、通风良好。机械通风排毒要有必要的安全防护措施，库房耐火等级不低于二级。

库区和库房内要经常保持整洁。对散落的毒品、易燃、可燃物品和库区的杂草及时清除。用过的工作服、手套等用品必须放在库外安全地点，妥善保管或及时处理。更换储存毒品品种时，要将库房清扫干净。

4. 危险化学品储存安排

（1）危险化学品储存方式 危险化学品储存方式分为三种：隔离储存、隔开储存和分离储存。

隔离储存是指在同一房间同一区域内，不同的物料之间分开一定距离，非禁忌物料间用通道保持空间的储存方式。

隔开储存是指在同一建筑或同一区域内，用隔板或墙，将其与禁忌物料分离开的储存方式。

分离储存是指在不同建筑物或远离所有建筑的外部区域内的储存方式。

（2）危险化学品堆垛

① 易燃易爆性物品堆垛应根据库房条件，物品性质和包装形态采取适当的堆码和垫底方法。

各种物品不允许直接落地存放。根据库房地势高低，一般应垫 15cm 以上。遇湿易燃物品、易吸潮溶化和吸潮分解的物品应根据情况加大下垫高度。

各种物品应码行列式压缝货垛，做到牢固、整齐、美观，出入库方便，一般垛高不超过 3m。

② 腐蚀性物品堆垛的库房、货棚或露天货场储存的物品，货垛应有隔潮设施，库房一般不低于 15cm，货场不低于 30cm。

根据物品性质、包装规格采用适当的堆垛方法，要求货垛整齐，堆码牢固，数量准确，禁止倒置。

按出厂先后或批号分别堆码。堆垛高度在 1.5～3.5m。

③ 毒害性物品不得就地堆码，货垛下应有隔潮设施，垛底一般不低于 15cm。一般性可堆存大垛，挥发性液体毒品不宜堆大垛，可堆存行列式。要求货垛牢固、整齐、美观，垛高不超过 3m。

（3）危险化学品储存安排

① 危险化学品储存安排取决于危险化学品分类、分项、容器类型、储存方式和消防的要求。

② 储存量及储存安排见表 2-4。

表 2-4 储存量及储存安排

储存要求	储存类别			
	露天储存	隔离储存	隔开储存	分离储存
平均单位面积储存量/(t/m²)	1.0～1.5	0.5	0.7	0.7
单一储存区最大储量/t	2000～2400	200～300	200～300	400～600
垛距限制/m	2	0.3～0.5	0.3～0.5	0.3～0.5
通道宽度/m	4～6	1～2	1～2	5
墙距宽度/m	2	0.3～0.5	0.3～0.5	0.3～0.5
与禁忌品距离/m	10	不得同库储存	不得同库储存	7～10

③ 遇火、遇热、遇潮能引起燃烧、爆炸或发生化学反应，产生有毒气体的危险化学品不得在露天或在潮湿、积水的建筑物中储存。

④ 受日光照射能发生化学反应引起燃烧、爆炸、分解、化合或能产生有毒气体的危险化学品应储存在一级建筑物中。其包装应采取避光措施。

⑤ 爆炸物品不准和其他类物品同储，必须单独隔离限量储存，仓库不准建在城镇，还应与周围建筑、交通干道、输电线路保持一定安全距离。

⑥ 压缩气体和液化气体必须与爆炸物品、氧化剂、易燃物品、自燃物品、腐蚀性物品隔离储存。易燃气体不得与助燃气体、剧毒气体同储；氧气不得与油脂混合储存，盛装液化气体的容器属压力容器的，必须有压力表、安全阀、紧急切断装置，并定期检查，不得超装。

⑦ 易燃液体、遇湿易燃物品、易燃固体不得与氧化剂混合储存，具有还原性的氧化剂应单独存放。

⑧ 有毒物品应储存在阴凉、通风、干燥的场所，不要露天存放，不要接近酸类物质。

⑨ 腐蚀性物品包装必须严密，不允许泄漏，严禁与液化气体和其他物品共存。

5. 危险化学品出入库管理

危险化学品出入库必须严格按照出入库管理制度进行，同时对进入库区车辆，装卸、搬运物品都应根据危险化学品性质按规定进行。

（1）入库要求

① 入库商品必须附有生产许可证和产品检验合格证，进口商品必须附有中文安全技术说明书或其他说明。

② 商品性状、理化常数应符合产品标准，由存货方负责检验。

③ 保管方对商品外观、内外标志、容器包装及衬垫进行感官检验，验收后作出验收记录。

④ 验收在库外安全地点或验收室进行。

⑤ 每种商品拆箱验收 2～5 箱（免检商品除外），发现问题扩大验收比例，验收后将商品包装复原，并做标记。

（2）出库要求

① 保管员发货必须以手续齐全的发货凭证为依据。

② 按生产日期和批号顺序先进先出。

③ 对毒害性物品还应执行双锁、双人复核制发放，详细记录以备查用。

（3）其他要求

① 进入危险化学品储存区域人员、机动车辆和作业车辆，必须采取防火措施。

② 装卸、搬运危险化学品时应按有关规定进行，做到轻装、轻卸。严禁摔、碰、撞、击、拖拉、倾倒和滚动。

③ 装卸对人身有毒害及腐蚀性的物品时，操作人员应根据危险性，穿戴相应的防护用品。

④ 不得用同一车辆运输互为禁忌的物料。

⑤ 修补、换装、清扫、装卸易燃、易爆物料时，应使用不产生火花的铜制、合金制或其他工具。

第四节　危险化学品安全生产技术

化工生产过程可以看成是由原料预处理过程、反应过程和反应产物后处理过程三个基本环节构成的。其中，反应过程是化工生产过程的中心环节。各种化学品的生产过程中，以化学为主的处理方法可以概括为具有共同化学反应特点的典型化学反应，生产离不开化工单元操作。

一、典型化学反应的基本安全技术

1. 氧化

（1）氧化的危险性分析

① 氧化反应初期需要加热，但反应过程又会放热，这些反应热如不及时移去，将会使温度迅速升高甚至发生爆炸。特别是在 $250\sim600℃$ 高温下进行的气相催化氧化反应以及部分强放热的氧化反应，更需特别注意其温度控制，否则因温度失控造成火灾爆炸危险。

② 有的氧化过程，如氨、乙烯和甲醇蒸气在空气中的氧化，其物料配比接近于爆炸下限，倘若配比失调，温度控制不当，极易爆炸起火。

③ 被氧化的物质大部分是易燃易爆物质。如氧化制取环氧乙烷的乙烯、氧化制取苯甲酸的甲苯、氧化制取甲醛的甲醇等。

④ 氧化剂具有很大的火灾危险性。如氯酸钾、高锰酸钾、铬酸酐等，如遇点火源以及与有机物、酸类接触，皆能引起着火爆炸。有机过氧化物具有更大的危险，不仅具有很强的氧化性，而且大部分是易燃物质，有的对温度特别敏感，遇高温则爆炸。

⑤ 部分氧化产品也具有火灾危险性。如环氧乙烷是可燃气体，36.7%的甲醛水溶液是易燃液体等。此外，氧化过程还可能生成危险性较大的过氧化物。如乙醛氧化生产醋酸的过程中有过醋酸生成。过醋酸是有机过氧化物，性质极不稳定，受高温、摩擦或撞击便会分解或燃烧。

（2）氧化的安全技术要点

① 必须保证反应设备的良好传热能力。可以采用夹套、蛇管同时冷却，以及外循环冷却等方式；同时采取措施避免冷却系统发生故障，如在系统中设计备用泵和双路供电等；必要时应有备用冷却系统。为了加速热量传递，要保证搅拌器安全可靠运行。

② 反应设备应有必要的安全防护装置。设置安全阀等紧急泄压装置；超温、超压、含氧量高限报警装置和安全联锁及自动控制等。为了防止氧化反应器在万一发生爆炸或着火时危及人身和系统安全，进出设备的物料管道上应设阻火器、水封等防火装置，以阻止火焰蔓延，防止回火。在设备系统中宜设置氮气、水蒸气灭火装置，以便能及时扑灭火灾。

③ 氧化过程中如以空气或氧气作氧化剂时，反应物料的配比应严格控制在爆炸范围之外。空气进入反应器之前，应经过气体净化装置，消除空气中的灰尘、水汽、油污以及可使催化剂活性降低或中毒的杂质，以保持催化剂的活性，减少着火和爆炸的危险。

④ 使用硝酸、高锰酸钾等氧化剂时，要严格控制加料速度、加料顺序，杜绝加料过量、加料错误。固体氧化剂应粉碎后使用，最好呈溶液状态使用。反应中要不间断搅拌，严格控制反应温度，决不许超过被氧化物质的自燃点。

⑤ 使用氧化剂氧化无机物时，如使用氯酸钾氧化生成铁蓝颜料时，应控制产品烘干温

度不超过其燃点。在烘干之前应用清水洗涤产品，将氧化剂彻底清洗干净，以防止未完全反应的氯酸钾引起已烘干物料起火。有些有机化合物的氧化，特别是在高温下氧化，在设备及管道内可能产生焦状物，应及时清除，以防止局部过热或自燃。

⑥ 氧化反应使用的原料及产品，应按有关危险品的管理规定，采取相应的防火措施，如隔离存放、远离火源、避免高温和日晒、防止摩擦和撞击等。如果是电解质的易燃液体或气体，应安装除静电的接地装置。

2. 还原

（1）还原的危险性分析

① 还原过程都有氢气存在，氢气的爆炸极限为 $4.1\%\sim75\%$，特别是催化加氢还原，大都在加热、加压条件下进行。如果操作失误或因设备缺陷有氢气泄漏极易与空气形成爆炸性混合物，如遇火源就会爆炸。高温高压下，氢对金属有渗碳作用，易造成腐蚀。

② 还原反应中所使用的催化剂雷氏镍吸潮后在空气中有自燃危险，即使没有点火源存在，也能使氢气和空气的混合物着火爆炸。

③ 固体还原剂保险粉、硼氢化钾（钠）、氢化铝锂等都是遇湿易燃危险品。其中保险粉遇水发热，在潮湿空气中能分解析出硫，硫蒸气受热具有自燃的危险，同时，保险粉自身受热到 190℃ 也有分解爆炸的危险。硼氢化钾（钠）在潮湿空气中能自燃，遇水或酸，分解放出大量氢气，同时产生高热，可使氢气着火而引起爆炸事故。以上还原剂如遇氧化剂会猛烈反应，产生大量热量，也有发生燃烧爆炸的危险。

④ 还原反应的中间体，特别是硝基化合物还原反应的中间体，亦有一定的火灾危险。如生产苯胺时，如果反应条件控制不好，可能生成燃烧危险性很大的环己胺。

（2）还原的安全技术要点

① 由于有氢的存在，必须遵守国家爆炸危险场所安全规定。车间内的电气设备必须符合防爆要求，且不能在车间顶部敷设电线及安装电线接线；厂房通风要好，采用轻质屋顶，设置天窗或风帽，防止氢气的积聚；加压反应的设备要配备安全阀，反应中产生压力的设备要装设爆破片；最好安装氢气浓度检测和报警装置。

② 可能造成氢腐蚀的场合，设备、管道的选材要符合要求，并应定期检测。

③ 当用雷氏镍来活化氢气进行还原反应时，必须先用氮气置换反应器内的全部空气，并经过测定证实反应器内含氧量降到标准，才可通入氢气。反应结束后应先用氮气把反应器内的氢气置换干净，才可打开孔盖出料，以免外界空气与反应器内氢气相遇，在雷氏镍自燃的情况下发生着火爆炸。雷氏镍应当储存于酒精中。回收钯碳时应用酒精及清水充分洗涤，抽真空过滤时不能抽得太干，以免氧化着火。

④ 使用还原剂时应注意相应的安全问题。当保险粉用于溶解使用时，要严格控制温度，可以在开动搅拌的情况下，将保险粉分批加入水中，待溶解后再与有机物接触反应；应妥善储藏保险粉，防止受潮。当使用硼氢化钠（钾）作还原剂时，在工艺过程中调节酸、碱度时要特别注意，防止加酸过快、过多；硼氢化钾（钠）应储存于密闭容器中，置于干燥处，防水防潮并远离火源。在使用氢化锂铝作还原剂时，要特别注意必须在氮气保护下使用；氢化锂铝遇空气和水都能燃烧，氢化锂铝平时浸没于煤油中储存。

⑤ 操作中必须严格控制温度、压力、流量等反应条件及反应参数，避免生成爆炸危险性很大的中间体。

⑥ 尽量采用危险性小、还原效率高的新型还原剂代替火灾危险性大的还原剂。例如：用硫化钠代替铁粉进行还原，可以避免氢气产生，同时还可消除铁泥堆积的问题。

3. 硝化

（1）硝化的危险性分析

① 硝化是一个放热反应，所以硝化需要在降温条件下进行。在硝化反应中，倘若稍有疏忽，如中途搅拌停止、冷却水供应不良、加料速度过快等，都会使温度猛增、混酸氧化能力增强，并有多硝基物生成，容易引起着火和爆炸事故。

② 常用硝化剂都具有较强的氧化性、吸水性和腐蚀性。它们与油脂、有机物，特别是不饱和的有机化合物接触即能引起燃烧。在制备硝化剂时，若温度过高或落入少量水，会促使硝酸的大量分解和蒸发，不仅会导致设备的强烈腐蚀，还可造成爆炸事故。

③ 被硝化的物质大多易燃，如苯、甲苯、甘油、氯苯等，不仅易燃，有的还有毒性，如使用或储存管理不当，很易造成火灾及中毒事故。

④ 硝化产物大都有着火爆炸的危险性，如 TNT、硝化甘油、苦味酸等，当受热摩擦、撞击或接触点火源时，极易发生爆炸或着火。

（2）硝化的安全技术要点

① 硝化设备应确保严密不漏，防止硝化物料溅到蒸气管道等高温表面上而引起爆炸或燃烧。同时严防硝化器夹套焊缝因腐蚀使冷却水漏入硝化物中。如果管道堵塞时，可用蒸气加温疏通，千万不能用金属棒敲打或明火加热。

② 车间厂房设计应符合国家爆炸危险场所安全规定。车间内电气设备要防爆，通风良好。严禁带入火种；检修时尤其注意防火安全，报废的管道不可随便拿用，避免意外事故发生。必要时硝化反应器应采取隔离措施。

③ 采用多段式硝化器可使硝化过程达到连续化，使每次投料少，减少爆炸中毒的危险。

④ 配制混酸时，应先用水将浓硫酸稀释，稀释应在搅拌和冷却情况下将浓硫酸缓慢加入水中，以免发生爆溅。浓硫酸稀释后，在不断搅拌和冷却条件下加浓硝酸。应严格控制温度以及酸的配比，直至充分搅拌均匀为止。配制混酸时要严防因温度猛升而冲料或爆炸，更不能把未经稀释的浓硫酸与硝酸混合，以免引起突沸冲料或爆炸。

⑤ 硝化过程中一定要避免有机物质的氧化。仔细配制反应混合物并除去其中易氧化的组分；硝化剂加料应采用双重阀门控制好加料速度，反应中应连续搅拌，搅拌机应当有自动启动的备用电源，并备有保护性气体搅拌和人工搅拌的辅助设施，随时保持物料混合良好。

⑥ 往硝化器中加入固体物质，必须采用漏斗等设备使加料工作机械化，从加料器上部的平台上使物料沿专用的管子加入硝化器中。

⑦ 硝基化合物具有爆炸性，形成的中间产物（如二硝基苯酚盐，特别是铅盐）有巨大的爆炸威力。在蒸馏硝基化合物（如硝基甲苯）时，防止热残渣与空气混合发生爆炸。

⑧ 避免油从填料函落入硝化器中引起爆炸，硝化器搅拌轴不可使用普通机油或甘油作润滑剂，以免被硝化形成爆炸性物质。

⑨ 对于特别危险的硝化产物（如硝化甘油），则需将其放入装有大量水的事故处理槽中。在万一发生事故时，将物料放入硝化器附设的相当容积的紧急放料槽。

⑩ 分析取样时应当防止未完全硝化的产物突然着火，防止烧伤事故。

4. 磺化

（1）磺化的危险性分析

① 常用的磺化剂浓硫酸、三氧化硫、氯磺酸等都是氧化剂。特别是三氧化硫，它一旦遇水则生成硫酸，同时会放出大量的热量，使反应温度升高造成沸溢、使磺化反应导致燃烧反应而起火或爆炸；同时，由于硫酸极强的腐蚀性增加了对设备的腐蚀破坏作用。

② 磺化反应是强放热反应,若在反应过程温度超高,可导致燃烧反应,造成爆炸或起火事故。

③ 苯、硝基苯、氯苯等可燃物与浓硫酸、三氧化硫、氯磺酸等强氧化剂进行的磺化反应非常危险,因其已经具备了可燃物与氧化剂作用发生放热反应的燃烧条件。对于这类磺化反应,操作稍有疏忽都可能造成反应温度升高,使磺化反应变为燃烧反应,引起着火或爆炸事故。

(2)磺化的安全技术要点

① 使用磺化剂必须严格防水防潮、严格防止接触各种易燃物,以免发生火灾爆炸;经常检查设备管道,防止因腐蚀造成穿孔泄漏,引起火灾和腐蚀伤害事故。

② 保证磺化反应系统有良好的搅拌和有效的冷却装置,以及时移走反应热,避免温度失控。

③ 严格控制原料纯度(主要是含水量)、投料操作时顺序不能颠倒,速度不能过快,以控制正常的反应速度和反应热,以免正常冷却失效。

④ 反应结束,注意放料安全,避免烫伤及腐蚀伤害。

⑤ 磺化反应系统应设置安全防爆装置和紧急放料装置,一旦温度失控,立即紧急放料,并进行紧急冷处理。

5. 烷基化

(1)烷基化的危险性分析

① 被烷基化的物质以及烷基化剂大都具有着火爆炸危险。如苯是中闪点易燃液体,闪点-11℃,爆炸极限 1.2%~8%;苯胺是毒害品,闪点 70℃,爆炸极限 1.3%~11.0%;丙烯是易燃气体,爆炸极限 1%~15%;甲醇是中闪点易燃液体,闪点 11℃,爆炸极限 5.5%~44%。

② 烷基化过程所用的催化剂易燃。例如,氯化铝是遇湿易燃物品,有强烈的腐蚀性,遇水(或水蒸气)会发热分解,放出氯化氢气体,有时能引起爆炸,若接触可燃物则易着火。三氯化磷遇水(或乙醇)会剧烈分解,放出大量的热和氯化氢气体。氯化氢有极强的腐蚀性和刺激性,有毒,遇水及酸(硝酸、醋酸)发热、冒烟,有发生起火爆炸的危险。

③ 烷基化的产品亦有一定的火灾危险性。

④ 烷基化反应都在加热条件下进行,若反应速度控制不当,可引起跑料,造成着火或爆炸事故。

(2)烷基化的安全技术要点

① 车间厂房设计应符合国家爆炸危险场所安全规定。应严格控制各种点火源,车间内电气设备要防爆,通风良好。易燃易爆设备和部位应安装可燃气体监测报警仪,设置完善的消防设施。

② 妥善保存烷基化催化剂,避免与水、水蒸气以及乙醇等物质接触。

③ 烷基化的产品存放时需注意防火安全。

④ 烷基化反应操作时应注意控制反应速率。例如,保证原料、催化剂、烷基化剂等的正常加料顺序、加料速度,保证连续搅拌等,避免发生剧烈反应引起跑料,造成着火或爆炸事故。

6. 氯化

(1)氯化的危险性分析

① 氯化反应的各种原料、中间产物及部分产品都具有不同程度的火灾危险性。

② 氯化剂具有极大的危险性。氯气为强氧化剂，能与可燃气体形成爆炸性气体混合物；能与可燃烃类、醇类、羧酸和氯代烃等形成二元混合物，极易发生爆炸。氯气与烯烃形成的混合物，在受热时可自燃；与二硫化碳混合，会出现自行突然加速过程而增加爆炸危险；与乙炔的反应极为剧烈；有氧气存在时，甚至在 $-78℃$ 的低温也可发生爆炸。三氯化磷、三氯氧磷等遇水会发生快速分解，导致冲料或爆炸。漂白粉、光气等均具有较大的火灾危险性。有些氯化剂还具有较强的腐蚀性，损坏设备。

③ 氯化反应是放热反应，有些反应温度高达 500℃，如温度失控，可造成超压爆炸。某些氯化反应会发生自行加速过程，导致爆炸危险。在生产中如果出现投料配比差错，投料速度过快，极易导致火灾或爆炸性事故。

④ 液氯气化时，高热使液氯剧烈气化，可造成内压过高而爆炸；工艺、操作不当使反应物倒灌至液氯钢瓶，则可能与氯发生剧烈反应引起爆炸。

（2）氯化的安全技术要点

① 车间厂房设计应符合国家爆炸危险场所安全规定。应严格控制各种点火源，车间内电气设备要防爆，通风良好。易燃易爆设备和部位应安装可燃气体监测报警仪，设置完善的消防设施。

② 最常用的氯化剂是氯气。在化工生产中，氯气通常液化储存和运输。常用的容器有储罐、气瓶和槽车等。储罐中的液氯进入氯化器之前必须先进入蒸发器使其气化。在一般情况下不能把储存氯气的气瓶或槽车当储罐使用，否则有可能使被氯化的有机物质倒流进气瓶或槽车，引起爆炸。一般情况下，氯化器应装设氯气缓冲罐，以防止氯气断流或压力减小时形成倒流。氯气本身的毒性较大，须避免其泄漏。

③ 液氯的蒸发气化装置，一般采用汽水混合作为热源进行升温，加热温度一般不超过 50℃。

④ 氯化反应是一个放热过程，氯化反应设备必须具备良好的冷却系统；必须严格控制投料配比、进料速度和反应温度等，必要时应设置自动比例调节装置和自动联锁控制装置。尤其在较高温度下进行氯化，反应更为剧烈。例如在环氧氯丙烷生产中，丙烯预热至 300℃ 左右进行氯化，反应温度可升至 500℃，在这样的高温下，如果物料泄漏就会造成燃烧或引起爆炸；若反应速度控制不当，正常冷却失效，温度剧烈升高亦可引起事故。

⑤ 反应过程中存在遇水猛烈分解的物料如三氯化磷、三氯氧磷等，不宜用水作为冷却介质。

⑥ 氯化反应几乎都有氯化氢气体生成，因此所用设备必须防腐蚀，设备应保证严密不漏，且应通过增设吸收和冷却装置除去尾气中的氯化氢。

7. 电解

（1）食盐水电解的危险性分析

① 氯气泄漏的中毒危险；

② 氢气泄漏及氯氢混合的爆炸危险；

③ 杂质反应产物的分解爆炸危险；

④ 碱液灼伤及触电危险。

（2）食盐水电解的安全技术要点

① 保证盐水质量。盐水中如含有铁杂质，能够产生第二阴极而放出氢气。盐水中带入铵盐，在适宜条件下 pH<4.5 时，铵盐和氯作用可生成氯化铵，氯作用于浓氯化铵溶液还可生成黄色油状的三氯化氮。三氯化氮是一种爆炸性物质，与许多有机物接触或加热至

90℃以上及被撞击，即发生剧烈的分解爆炸。因此，盐水配制必须严格控制质量，尤其是铁、钙、镁和无机铵盐的含量。应尽可能采用盐水纯度自动分析装置，这样可以观察盐水成分的变化，随时调节碳酸钠、苛性钠、氯化钡和丙烯酸铵的用量。

② 盐水高度应适当。在操作中向电解槽的阳极室内添加盐水，如盐水液面过低，氢气有可能通过阳极网渗入到阳极室内与氯气混合；若电解槽盐水装得过满，在压力下盐水会上涨。因此，盐水添加不可过少或过多，应保持一定的安全高度。采用盐水供应器应间断供给盐水，以避免电流的损失，防止盐水导管被电流腐蚀。

③ 阻止氢气与氯气混合。氢气是极易燃烧的气体，氯气是氧化性很强的有毒气体，一旦两种气体混合极易发生爆炸。当氯气中含氢量达到 5％以上，则随时可能在光照或受热情况下发生爆炸。造成氯气和氢气混合的原因主要有：阳极室内盐水液面过低；电解槽氢气的出口堵塞引起阳极室压力升高；电解槽的隔膜吸附质量差；石棉绒质量不好，在安装电解槽时破坏隔膜，造成隔膜局部脱落或者送电前注入的盐水量过大将隔膜冲坏等，这些都可能引起氯气中含氢量增高。此时应对电解槽进行全面检查，将单槽氯含氢浓度以及总管氯含氢浓度控制在规定值内。

④ 严格遵守电解设备的安装要求。由于电解过程中氢气存在，故有着火爆炸的危险。所以电解槽应安装在自然通风良好的单层建筑物内，厂房应有足够的防爆泄压面积。

⑤ 掌握正确的应急处理方法。在生产中，当遇突然停电或其他原因突然停车时，高压阀不能立即关闭，以免电解槽中氯气倒流而发生爆炸。应在电解槽后安装放空管，及时减压，并在高压阀门上安装单向阀，有效地防止跑氯，避免污染环境和带来火灾危险。

8. 聚合

(1) 聚合的危险性分析

① 个体聚合是在没有其他介质的情况下，用浸于冷却剂中的管式聚合釜（或在聚合釜中设盘管、列管冷却）进行的一种聚合方法。如高压下乙烯的聚合、甲醛的聚合等。个体聚合的主要危险性是由于聚合热不易传导散出而导致危险。例如在高压聚乙烯生产中，每聚合1kg乙烯会放出 3.8MJ 的热量，倘若这些热能未能及时移去，则每聚合 1％ 的乙烯，即可使釜内温度升高 12～13℃，待升到一定温度时，就会使乙烯分解，强烈放热，有发生爆聚的危险。

② 溶液聚合是选择一种溶剂，使单体溶成均相体系，加入催化剂或引发剂后，生成聚合物的一种聚合方法。溶液聚合只适于制造低分子量的聚合体，该聚合体的溶液可直接用作涂料。如氯乙烯在甲醇中聚合，醋酸乙烯酯在醋酸乙酯中聚合。溶液聚合一般在溶剂的回流温度下进行，可以有效地控制反应温度，同时可借助溶剂的蒸发来排散反应热。这种聚合方法的主要危险性是在聚合和分离过程中，易燃溶剂容易挥发和产生静电火花。

③ 悬浮聚合是在机械搅拌下用分散剂（如磷酸镁、明胶）使不溶的液态单体和溶于单体中的引发剂分散在水中，悬浮成珠状物而进行聚合的反应。如苯乙烯、甲基丙烯酸甲酯、氯乙烯的聚合等。这种聚合方法若工艺条件控制不好，极易发生溢料，可能导致未聚合的单体和引发剂遇到火源而引发着火和爆炸事故。

④ 乳液聚合是在机械搅拌或超声波振动下，用乳化剂（如肥皂）使不溶于水的液态单体在水中被分散成乳液而进行聚合的反应。如丁二烯与苯乙烯的共聚，以及氯乙烯、氯丁二烯的聚合等。乳液聚合常用无机过氧化物（如过氧化氢）作引发剂，聚合速度较快。若过氧化物在水中的配比控制不好，将导致反应速度过快，反应温度太高而发生冲料。同时，在聚合过程中有可燃气体产生。

⑤ 缩合聚合是具有两个或两个以上官能团的单体化合成为聚合物,同时析出低分子副产物的聚合反应。如己二酸、苯二甲酸酐以及甘油缩合聚合生产聚酯,精双酚 A 与碳酸二苯酯缩合聚合生产聚碳酸酯等。缩合聚合是吸热反应,但由于反应温度过高,也会导致系统的压力增加,甚至引起爆裂,泄漏出易燃易爆的单体。

⑥ 聚合物的单体大多是易燃易爆物质,如乙烯、丙烯等。聚合反应又多在高压下进行,因此,单体极易泄漏并引起火灾、爆炸。

⑦ 聚合反应的引发剂为有机过氧化物,其化学性质活泼,对热、震动和摩擦极为敏感,易燃易爆,极易分解。

⑧ 聚合反应多在高压下进行,多为放热反应,反应条件控制不当就会发生爆聚,使反应器压力骤增而发生爆炸。采用过氧化物作为引发剂时,如配料比控制不当就会产生爆聚;高压下乙烯聚合、丁二烯聚合以及氯乙烯聚合具有极大的危险性。

⑨ 聚合的反应热量如不能及时导出,如搅拌发生故障、停电、停水、聚合物粘壁而造成局部过热等,均可使反应器温度迅速增加,导致爆炸事故。

（2）聚合的安全技术要点

① 反应器的搅拌和温度应有控制和联锁装置,设置反应抑制剂添加系统,出现异常情况时能自动启动抑制剂添加系统,自动停车。高压系统应设爆破片、导爆管等,要有良好的静电接地系统。

② 严格控制工艺条件,保证设备的正常运转,确保冷却效果,防止爆聚。冷却介质要充足,搅拌装置应可靠,还应采取避免粘壁的措施。

③ 控制好过氧化物引发剂在水中的配比,避免冲料。

④ 设置可燃气体检测报警仪,以便及时发现单体泄漏,采取对策。

⑤ 特别重视所用溶剂的毒性及燃烧爆炸性,加强对引发剂的管理。电气设备采取防爆措施,消除各种火源。必要时,对聚合装置采取隔离措施。

⑥ 乙烯高压聚合反应,压力为 100～300MPa、温度为 150～300℃、停留时间为 10 秒至数分钟。操作条件下乙烯极不稳定,能分解成碳、甲烷、氢气等。乙烯高压聚合的防火安全措施有:添加反应抑制剂或加装安全阀来防止爆聚反应;采用防粘剂或在设计聚合管时设法在管内周期性地赋予流体以脉冲,防止管路堵塞;设计严密的压力、温度自动控制联锁系统;利用单体或溶剂气化回流及时清除反应热。

⑦ 氯乙烯聚合反应所用的原料除氯乙烯单体外,还有分散剂（明胶、聚乙烯醇）和引发剂（过氧化二苯甲酰、偶氮二异庚腈、过氧化二碳酸等）。主要安全措施有:采取有效措施及时除去反应热,必须有可靠的搅拌装置;采用加水相阻聚剂或单体水相溶解抑制剂来减少聚合物的粘壁作用,减少人工清釜的次数,减小聚合岗位的毒物危害;聚合釜的温度采用自动控制。

⑧ 丁二烯聚合反应,聚合过程中接触和使用酒精、丁二烯、金属钠等危险物质,不能暴露于空气中;在蒸发器上应备有联锁开关,当输送物料的阀门关闭时（此时管道可能引起爆炸）,该联锁装置可将蒸气输入切断;为了控制猛烈反应,应有适当的冷却系统,冷却系统应保持密闭良好,并需严格地控制反应温度;丁二烯聚合釜上应装安全阀,同时连接管安装爆破片,爆破片后再连接一个安全阀;聚合生产系统应配有纯度保持在 99.5％以上的氮气保护系统,在危险可能发生时立即向设备充入氮加以保护。

9. 催化

（1）催化反应的危险性分析

① 在多相催化反应中，催化作用发生于两相界面及催化剂的表面上，这时温度、压力较难控制。若散热不良、温度控制不好等，很容易发生超温爆炸或着火事故。

② 在催化过程中，若选择催化剂不正确或加入不适量，易形成局部反应剧烈。

③ 催化过程中有的产生硫化氢，有中毒和爆炸危险；有的催化过程产生氢气，着火爆作的危险性更大，尤其在高压下，氢的腐蚀作用可使金属高压容器脆化，从而造成破坏性事故；有的产生氯化氢，氯化氢有腐蚀和中毒危险。

④ 原料气中某种杂质含量增加，若能与催化剂发生反应，可能生成危害极大的爆炸危险物。如在乙烯催化氧化合成乙醛的反应中，由于催化剂体系中常含大量的亚铜盐，若原料气中含乙炔过高，则乙炔会与亚铜反应生成乙炔铜。乙炔铜为红色沉淀，自燃点 260～270℃，是一种极敏感的爆炸物，干燥状态下极易爆炸；在空气作用下易氧化成暗黑色，并易于起火。

（2）常见催化反应的安全技术要点

① 催化加氢反应一般是在高压下有固相催化剂存在下进行的，这类过程的主要危险性有：由于原料及成品（氢气、氨、一氧化碳等）大都易燃、易爆、有毒，高压反应设备及管道易受到腐蚀，操作不当亦会导致事故。因此，需特别注意防止压缩工段的氢气在高压下泄漏，产生爆炸。为了防止因高压致使设备损坏，造成氢气泄漏达到爆炸浓度，应有充足的备用蒸汽或惰性气体，以便应急，室内通风应当良好，宜采用天窗排气；冷却机器和设备用水不得含有腐蚀性物质；在开车或检修设备、管线之前，必须用氮气进行吹扫，吹扫气体应当排至室外，以防止窒息或中毒；由于停电或无水而停车的系统，应保持余压，以免空气进入系统。无论在何种情况下，对处于压力下的设备不得进行拆卸检修。

② 催化裂化在生产过程中主要由反应再生系统、分馏系统以及吸收稳定系统三个系统组成，这三个系统是紧密相连、相互影响的整体。在反应器和再生器间，催化剂悬浮在气流中，整个床层温度应保持均匀，避免局部过热造成事故。两器压差保持稳定，是催化裂化反应中最主要的安全问题，两器压差一定不能超过规定的范围，目的就是要使两器之间的催化剂沿一定方向流动，避免倒流，造成油气与空气混合发生爆炸；可降温循环用水应充足，应备有单独的供水系统。若系统压力上升较高时，必要时可启动气压放空火炬，维持系统压力平衡；催化裂化装置关键设备应当备有两路以上的供电，当其中一路停电时，另一路能在几秒钟内自动合闸送电，保持装置的正常运行。

③ 催化重整所用的催化剂有钼铬铝催化剂、铂化剂、镍催化剂等。在装卸催化剂时，要防破碎和污染，未再生的含碳催化剂卸出时，要预防自燃超温烧坏；加热炉是热的来源，在催化剂重整过程中，加热炉的安全和稳定非常重要，应采用温度自动调节系统；催化重整装置中，对于重要工艺参数，如温度压力、流量、液位等均应采用安全报警，必要时采用联锁保护装置。

二、化工单元操作的基本安全技术

1. 物料输送

在化工生产过程中，经常需将各种原材料、中间体、产品以及副产品和废弃物，由前一个工序输往后一个工序，或由一个车间输往另一个车间，或者输往储运地点，这些输送过程就是物料输送。

（1）固体块状物料和粉状物料输送　块状物料与粉状物料的输送，在实际生产中多采用皮带输送机、螺旋输送器、刮板输送机、链斗输送机、斗式提升机以及气力输送（风送）等形式。

① 皮带、刮板、链斗、螺旋、斗式提升机这类输送设备连续往返运转，可连续加料，连续卸载。存在的危险性主要有设备本身发生故障以及由此造成的人身伤害。

② 气力输送即风力输送，它主要凭借真空泵或风机产生的气流动力以实现物料输送，常用于粉状物料的输送。气力输送系统除设备本身因故障损坏外，最大的安全问题是系统的堵塞和由静电引起的粉尘爆炸。

(2) 液态物料输送 化工生产中被输送的液态物料种类繁多，性质各异，温度、压力又有高低之分，因此，所用泵的种类较多。通常可分为：离心泵、往复泵、旋转泵（齿轮泵、螺杆泵）、流体作用泵等四类。

① 离心泵的安全要点：避免物料泄漏引发事故；避免空气吸入导致爆炸；防止静电引起燃烧；避免轴承过热引起燃烧；防止绞伤。

② 往复泵和旋转泵，均属于正位移泵，开车时必须将出口阀门打开，严禁采用关闭出口管路阀门的方法进行流量调节，否则，将使泵内压力急剧升高，引发爆炸事故。一般采用安装回流支路进行流量调节。

③ 流体作用泵是依靠压缩气体的压力，或运动着的流体本身进行流体的输送。如常见的空气升液器、喷射泵。这类泵无活动部件且结构简单，在化工生产中有着特殊的用途，常用于输送腐蚀性流体。

空气升液器等是以空气为动力的设备，必须有足够的耐压强度，必须有良好的接地装置。输送易燃液体时，不能采用压缩空气压送，要用氮、二氧化碳等惰性气体代替空气，以防止空气与易燃液体的蒸气形成爆炸性混合物，遇点火源造成爆炸事故。

(3) 气体物料输送 气体与液体不同之处是具有可压缩性，因此在其输送过程中当气体压强发生变化，其体积和温度也随之变化。对气体物料的输送必须特别重视在操作条件下气体的燃烧爆炸危险。

① 保持通风机和鼓风机转动部件的防护罩完好，避免人身伤害事故；必要时安装消音装置，避免通风机和鼓风机对人体的噪声伤害。

② 压缩机应保证散热良好；严防泄漏；严禁空气与易燃性气体在压缩机内形成爆炸性混合物；防止静电；预防禁忌物的接触；避免操作失误。

③ 真空泵应严格密封；输送易燃气体时，尽可能采用液环式真空泵。

2. 加热

加热指将热能传给较冷物体而使其变热的过程。加热是促进化学反应和完成蒸馏、蒸发、干燥、熔融等单元操作的必要手段。加热的方法一般有直接火加热，水蒸气或热水加热、载体加热以及电加热等。

(1) 直接火加热的主要危险性 利用直接火加热处理易燃、易爆物质时，危险性非常大，温度不易控制，可能造成局部过热烧坏设备。由于加热不均匀易引起易燃液体蒸气的燃烧爆炸，所以在处理易燃易爆物质时，一般不采用此方法。但由于生产工艺的需要亦可能采用，操作时必须注意安全。

(2) 水蒸气、热水加热 利用水蒸气、热水加热易燃、易爆物质相对比较安全，存在的主要危险在于设备或管道超压爆炸，升温过快引发事故。

(3) 载体加热 无论采用哪一类载体进行加热时，都具有一定的危险性。载体加热的主要危险性在于载热体物质本身的危险特性，在操作中必须予以充分重视。

① 使用油类作为载体加热时，若用直接火通过充油夹套进行加热，且在设备内处理有

燃烧、爆炸危险的物质，则需将加热炉门与反应设备用砖墙隔绝，或将加热炉设于车间外面，将热油输送到需要加热的设备内循环使用。油循环系统应严格密闭，不准热油泄漏，要定期检查和清除油锅、油管上的沉积物。

② 使用二苯混合物作为载体加热时，特别注意不得混入低沸点杂质（如水等），也不准混入易燃易爆杂质，否则在升温过程中极易产生爆炸危险。因此必须杜绝加热设备内胆或加热夹套内水的渗漏，在加热系统进行水压试验、检修清洗时严禁混入水。还要妥善存放二苯混合物，严禁混入杂质。

③ 使用无机物作为载体加热时，操作时特别注意在熔融的硝酸盐浴中，如加热温度过高，或硝酸盐漏入加热炉燃烧室中，或有机物落入硝酸盐浴内，均能发生燃烧或爆炸。水、酸类物质流入高温盐浴或金属浴中，会产生爆炸危险。采用金属浴加热，操作时还应防止金属蒸气对人体的危害。

（4）电加热　电加热的主要危险是电炉丝绝缘受到破坏，受潮后线路的短路以及接点不良而产生电火花电弧，电线发热等引燃物料；物料过热分解产生爆炸。

3. 冷却、冷凝与冷冻

（1）冷却、冷凝

① 冷却指使热物体的温度降低而不发生相变化的过程；冷凝则指使热物体的温度降低而发生相变化的过程，通常指物质从气态变成液态的过程。

在化工生产中，实现冷却、冷凝的设备通常是间壁式换热器，常用的冷却、冷凝介质是冷水、盐水等。一般情况，冷水所达到的冷却效果不低于 $0℃$；浓度约为 20% 盐水的冷却效果为 $0\sim-15℃$。

② 严格检查冷却设备的密闭性，不允许物料窜入冷却剂中，也不允许冷却剂窜入被冷却的物料中（特别是酸性气体）。

③ 冷却操作时，冷却介质不能中断，否则会造成积热量积聚，系统温度压力骤增，引起爆炸。开车前首先清除冷凝器中的积液，然后通入冷却介质，最后通入高温物料。停车时，应首先停止通入被冷却的高温物料，再关闭冷却系统。

④ 有些凝固点较高的物料，被冷却后变得黏稠甚至凝固，在冷却时要注意控制温度，防止物料卡住搅拌器或堵塞设备及管道，造成事故。

（2）冷冻

① 冷冻指将物料的温度降到比周围环境温度更低的操作。冷冻操作的实质是借助于某种冷冻剂（如氟里昂、氨、乙烯、丙烯等）蒸发或膨胀时直接或间接地从需要冷冻的物料中驱走热量来实现的。适当选择冷冻剂和操作过程，可以获得由摄氏零度至接近于绝对零度的任何程度的冷冻。凡冷冻温度范围在 $-100℃$ 以内的称一般冷冻（冷冻），而冷冻温度范围在 $-100℃$ 以下的则称为深度冷冻（深冷）。在化工生产中，通常采用冷冻盐水（氯化钠、氯化钙、氯化镁等盐类的水溶液）间接制冷。

② 某些冷冻剂易燃且有毒。如氨，应防止制冷剂泄漏。

③ 制冷系统压缩机、冷凝器、蒸发器以及管路，应有足够的耐压程度且气密性良好，防止设备、管路裂纹、泄漏。同时要加强安全阀、压力表等安全装置的检查、维护。

④ 制冷系统因发生事故或停电而紧急停车，应注意其对被冷冻物料的排空处理。

4. 粉碎与筛分

① 粉碎通常将大块物料变成小块物料的操作称为破碎，将小块物料变成粉末的操作称为研磨。

粉碎操作最大的危险性是可燃粉尘与空气形成爆炸性混合物，遇点火源发生粉尘爆炸事故，操作时室内通风良好，以减少粉尘含量。

② 筛分即用具有不同尺寸筛孔的筛子将固体物料依照所规定的颗粒大小分开的操作。通过筛分将固体颗粒按照粒度（块度）大小分级，选取符合工艺要求的粒度。

筛分最大的危险性是可燃粉尘与空气形成爆炸性混合物，遇点火源发生粉尘爆炸事故。在筛分操作过程中，粉尘如具有可燃性，须注意因碰撞和静电而引起燃烧、爆炸。如粉尘具有毒性、吸水性或腐蚀性，须注意呼吸器官及皮肤的保护，以防引起中毒或皮肤伤害。

5. 熔融与混合

（1）熔融是将固体物料通过加热使其熔化为液态的操作。如将氢氧化钠、氢氧化钾、萘、磺酸钠等熔融之后进行化学反应；将沥青、石蜡和松香等熔融之后便于使用和加工。熔融温度一般为 $150\sim350℃$，可采用烟道气、油浴或金属浴加热。

① 碱和磺酸盐中若含有无机盐杂质，应尽量除去，否则，杂质不熔融，呈块状残留于熔融内。块状杂质的存在，妨碍熔融物的混合，并能使其局部过热、烧焦，致使熔融物喷出烧伤操作人员，因此，必须经常消除锅垢。

② 进行熔融操作时，加料量应适宜，盛装量一般不超过设备容量的三分之二，并在熔融设备的台子上设置防溢装置，防止物料溢出与明火接触发生火灾。

③ 熔融过程中必须不间断地搅拌，使其加热均匀，以免局部过热、烧焦，导致熔融物喷出，造成烧伤。

（2）混合是指用机械或其他方法使两种或多种物料相互分散而达到均匀状态的操作。包括液体与液体的混合、固体与液体的混合、固体与固体的混合。用于液态的混合装置有机械搅拌、气流搅拌。

混合操作是一个比较危险的过程。易燃液态物料在混合过程中发生动蒸发，产生大量可燃蒸气，若泄漏，将与空气形成爆炸性混合物；易燃粉状物料在混合过程中极易造成粉尘漂浮而导致粉尘爆炸。对强放热的混合过程，若操作不当也具有极大的火灾爆炸危险。

① 混合易燃、易爆或有毒物料时，混合设备应很好密闭，并通入惰性气体进行保护。

② 混合可燃物料时，设备应很好接地，以导除静电，并在设备上安装爆破片。

③ 混合过程中物料放热时，搅拌不可中途停止。否则，会导致物料局部过热，可能产生爆炸。

6. 蒸发

蒸发是借加热作用使溶液中的溶剂不断气化，以提高溶液中溶质的浓度，或使溶质析出的物理过程。蒸发按其操作压力不同可分为常压、加压和减压蒸发。例如，氯碱工业中的碱液提浓，海水的淡化等。蒸发过程的实质就是一个传热过程。

被蒸发的溶液，皆具有一定的特性。如溶质在浓缩过程中可能有结晶、沉淀和污垢生成。这些将导致传热效率的降低，并产生局部过热，促使物料分解、燃烧和爆炸。因此，对加热部分需经常清洗。

对热敏性物料的蒸发，须考虑温度控制问题。为防止热敏性物料的分解，可采用真空蒸发，以降低蒸发温度。或者尽量缩短溶液在蒸发器内停留时间和与加热面的接触时间，可采用单程型蒸发器。

7. 干燥

干燥是利用干燥介质所提供的热能除去固体物料中的水分（或其他溶剂）的单元操作。干燥所用的干燥介质有空气、烟道气、氮气或其他惰性介质。

干燥过程的主要危险有干燥温度、时间控制不当，造成物料分解爆炸，以及操作过程中散发出来的易燃易爆气体或粉尘与点火源接触而产生燃烧爆炸等。因此干燥过程的安全技术主要在于严格控制温度、时间及点火源。

8. 蒸馏

蒸馏是利用均相液态混合物中各组分挥发度的差异，使混合液中各组分得以分离的操作。通过塔釜的加热和塔顶的回流实现多次部分汽化、多次部分冷凝，气液两相在传热的同时进行传质，使气相中的易挥发组分的浓度从塔底向上逐渐增加，使液相中的难挥发组分的浓度从塔顶向下逐渐增加。

蒸馏操作可分为间歇蒸馏和连续精馏。对挥发度差异大容易分离或产品纯度要求不高时，通常采用间歇蒸馏；对挥发度接近难于分离或产品纯度要求较高时，通常采用连续精馏。间歇蒸馏所用的设备为简单蒸馏塔。连续精馏采用的设备种类较多，主要有填料塔和板式塔两类。根据物料的特性，可选用不同材质和形状的填料，选用不同类型的塔板。塔釜的加热方式可以是直接火加热、水蒸气直接加热、蛇管、夹套及电感加热等。

蒸馏按操作压力又可分为常压蒸馏、减压蒸馏和加压蒸馏。处理中等挥发性（沸点为100℃左右）物料，采用常压蒸馏较为适宜；处理低沸点（沸点低于30℃）物料，采用加压蒸馏较为适宜；处理高沸点（沸点高于150℃）物料、易发生分解、聚合及热敏性物料，则应采用真空蒸馏。

蒸馏涉及加热、冷凝、冷却等单元操作，是一个比较复杂的过程，其危险性较大。蒸馏过程的主要危险性有：易燃液体蒸气与空气形成爆炸性混合物遇点火源发生爆炸；塔釜复杂的残留物在高温下发生热分解、自聚及自燃；物料中微量的不稳定杂质在塔内局部被蒸浓后分解爆炸，低沸点杂质进入蒸馏塔后瞬间产生大量蒸气造成设备压力骤然升高而发生爆炸；设备因腐蚀泄漏引发火灾、因物料结垢造成塔盘及管道堵塞发生超压爆炸；蒸馏温度控制不当，有液泛、冲料、过热分解、超压、自燃及淹塔的危险；加料量控制不当，有沸溢的危险，同时造成塔顶冷凝器负荷不足，使未冷凝的蒸气进入产品受槽后，因超压发生爆炸；回流量控制不当，造成蒸馏温度偏离正常，同时出现淹塔使操作失控，造成出口管堵塞发生爆炸。

第五节 危险化学品事故应急救援

《安全生产法》和《条例》以及《危险化学品事故应急救援预案编制导则（单位版）》等，都对危险化学品事故应急救援和应急措施作出了明确的规定。事故应急救援是指通过事前计划和应急措施，在事故发生后，充分利用一切可用的力量和资源，迅速控制事故发展，保护工作人员，将事故损失降低到最低程度。

一、事故应急救援的基本原则和任务

1. 基本原则

事故应急救援是在预防为主的前提下，贯彻统一指挥、分级负责、区域为主、单位自救和社会救援相结合的原则。预防工作是事故应急救援的工作基础，除了做好事故的预防工作，减少事故的发生外，还应做好事故发生时的救援准备工作，对事故发生有所准备。一旦事故发生，能有效开展救援工作。事故应急救援涉及面广、专业性强、靠某一个部门很难完成，必须把各方面的力量有效地组织起来，形成统一的事故应急救援指挥部门，才能使各专业部门协同作战，迅速、有效地组织并实施事故应急救援工作。

2. 基本任务

① 立即组织营救受害人员、组织撤离或通过其他措施保护事故危害区域内的其他人员。

② 迅速控制危险源，并对事故危害的性质、区域范围、危害程度进行检验。

③ 做好现场清洁，消除危害后果。

④ 查清事故原因，评估危害程度。

二、事故应急救援预案的分类和分级

重大应急救援预案由企业现场应急救援预案和现场外政府的应急救援预案组成。现场的应急救援预案由企业负责，场外的应急救援预案由各级主管部门负责。现场的应急救援预案和场外的应急救援预案都是基于同一危险的分析评价制定的。

根据可能的事故后果的影响范围、地点以及应急方式，可将事故应急救援预案分为5级：

Ⅰ级（企业级）应急救援预案；

Ⅱ级（县、市/社区级）应急救援预案；

Ⅲ级（地区、市级）应急救援预案；

Ⅳ级（省级）应急救援预案；

Ⅴ级（国家级）应急救援预案。

三、事故应急救援预案的基本内容

应急救援预案应覆盖事故发生后应急救援各阶段的计划，即预案的启动、应急、救援、事后监测与处置等各阶段。其基本内容包括：

（1）基本情况；

（2）危险目标及其危险特性、对周围的影响；

（3）危险目标周围可利用的安全、消防、个体防护的设备、器材及其分布；

（4）应急救援组织机构、组成人员和职责划分；

（5）报警、通信联络方式；

（6）事故发生后应采取的处理措施；

（7）人员紧急疏散、撤离；

（8）危险区的隔离；

（9）检测、抢险、救援及控制措施；

（10）受伤人员现场救护、救治与医院救治；

（11）现场保护与现场洗消；

（12）应急救援保障；

（13）预案分级响应条件；

（14）事故应急救援终止程序；

（15）应急培训计划；

（16）演练计划；

（17）附件。

四、制定应急救援预案的基本步骤

（1）调查研究，收集资料；

（2）危险源评估；

（3）分析总结；

（4）编制预案；

（5）科学评估；

（6）审核实施。

五、应急救援预案的演练

有了应急救援预案，如果响应人员不能充分理解自己的职责与预案实施步骤，如果应急人员没有足够的应急经验与实战能力，那么预案的实施效果将会大打折扣，达不到预案的制定目的。为了提高应急救援人员的技术水平与整体能力，使救援达到快速、有序、有效的目的，经常开展应急救援培训、演练是非常必要的。

演练的基本要求和内容

（1）基本要求　事故应急救援预案是一项复杂的系统工程，为了使演练得到预期的效果，演练的计划必须细致周密，要把各级应急救援力量和应该配备的器材组成统一的整体。

（2）演练的基本内容　演练的基本内容包括各演练科目时间顺序要合乎逻辑性；各演练单位相互支援、配合及协调程度；工厂生产系统运行情况；厂内应急情景；厂内应急抢险；急救与医疗；厂内洗消，染毒空气监测与化验；防护指导，包括专业人员的个人防护及居民对毒气的防护；通信及报警信号联络；事故区清点人数及人员控制；各种标志布设及由于危害区域的变化布设点的变更；交通控制及交通道口的管制；居民及无关人员的撤离以及有关撤离工作的演练内容；治安工作；政治宣传工作；防护区的洗消污水处理及上、下水源受污染情况调查；事故后的善后工作，包括防护区房屋内空气器具的消毒；当时当地的气象情况及地形、地物情况及对事故危害程度的影响；向上级报告情况及向友邻单位通报情况；各专业队讲评要点；演练资料汇总需要的表格。

以上这些内容仅是一般情况，还应该根据演练的任务增减内容。

第六节　事故调查与处理

事故调查处理是安全管理的重要内容，主要是指对已发生事故的分析、处理等一系列管理活动。工作内容主要有事故发生的报告、事故应急救援、事故调查、事故分析、事故责任人的处理和事故赔偿等。

一、安全生产事故的分级

依据 2007 年 6 月 1 日实施的《生产安全事故报告和调查处理条例》第三条规定，生产安全事故造成的人员伤亡或者直接经济损失，事故一般分为以下等级：

（1）特别重大事故，是指造成 30 人以上死亡，或者 100 人以上重伤（包括急性工业中毒），或者 1 亿元以上直接经济损失的事故；

（2）重大事故，是指造成 10 人以上 30 人以下死亡，或者 50 人以上 100 人以下重伤，或者 5000 万元以上 1 亿元以下直接经济损失的事故；

（3）较大事故，是指造成 3 人以上 10 人以下死亡，或者 10 人以上 50 人以下重伤，或者 1000 万元以上 5000 万元以下直接经济损失的事故；

（4）一般事故，是指造成 3 人以下死亡，或者 10 人以下重伤，或者 1000 万元以下直接经济损失的事故。

二、事故报告制度

企业发生伤亡事故和职业病事故后，必须及时向相关部门如实报告。发生事故不报告，甚至故意隐瞒事故真相，有关责任人将受到法律制裁。

事故发生后，事故现场有关人员应当立即向本单位负责人报告；单位负责人接到报告后，应当于 1 小时内向事故发生地县级以上人民政府安全生产监督管理部门和负有安全生产监督管理职责的有关部门报告。情况紧急时，事故现场有关人员可以直接向事故发生地县级以上人民政府安全生产监督管理部门和负有安全生产监督管理职责的有关部门报告。

安全生产监督管理部门和负有安全生产监督管理职责的有关部门接到事故报告后，应当依照下列规定上报事故情况，并通知公安机关、劳动保障行政部门、工会和人民检察院：

（1）特别重大事故、重大事故逐级上报至国务院安全生产监督管理部门和负有安全生产监督管理职责的有关部门；

（2）较大事故逐级上报至省、自治区、直辖市人民政府安全生产监督管理部门和负有安全生产监督管理职责的有关部门；

（3）一般事故上报至设区的市级人民政府安全生产监督管理部门和负有安全生产监督管理职责的有关部门。

安全生产监督管理部门和负有安全生产监督管理职责的有关部门依照前款规定上报事故情况，应当同时报告本级人民政府。国务院安全生产监督管理部门和负有安全生产监督管理职责的有关部门以及省级人民政府接到发生特别重大事故、重大事故的报告后，应当立即报告国务院。必要时，安全生产监督管理部门和负有安全生产监督管理职责的有关部门可以越级上报事故情况。

报告事故应当包括下列内容：

（1）事故发生单位概况；

（2）事故发生的时间、地点以及事故现场情况；

（3）事故的简要经过；

（4）事故已经造成或者可能造成的伤亡人数（包括下落不明的人数）和初步估计的直接经济损失；

（5）已经采取的措施；

（6）其他应当报告的情况。

三、事故调查

1. 事故调查的原则

（1）事故调查必须以事实为依据，以科学为手段，在充分调查研究的基础上科学、公正、实事求是地给出事故调查结论。

（2）事故调查必须遵循"四不放过"的原则，即事故原因不查清不放过、事故责任者和群众没有受到教育不放过、事故责任者没有受到追究不放过、没有采取相应的预防改进措施不放过。

（3）依靠专家与科学技术手段。

（4）第三方的原则。

（5）不干涉、不阻碍的原则。

2. 事故调查的内容

主要了解发生事故的具体时间和具体地点；检查现场，做好详细记录；对受害人数、伤害程度；事故的起因；向事故当事人及现场人员了解事故发生前的生产情况（包括作业人员的任务、分工及工艺条件、设备完好情况等）；受害者情况、经济损失情况等。

3. 事故调查程序

（1）成立事故调查小组

（2）事故调查物质准备

（3）事故现场处理

（4）事故现场勘查与物证获取

（5）其他有关事故资料的收集

（6）事故分析

（7）编写事故调查报告

四、事故处理

有关机关应当按照人民政府的批复，依照法律、行政法规规定的权限和程序，对事故发生单位和有关人员进行行政处罚，对负有事故责任的国家工作人员进行处分。事故发生单位应当按照负责事故调查的人民政府的批复，对本单位负有事故责任的人员进行处理。负有事故责任的人员涉嫌犯罪的，依法追究刑事责任。

五、事故赔偿

企业发生伤亡事故后，职工的伤亡赔偿、医疗费用、工伤待遇等按照国家《工伤保险条例》执行。如果企业参加了社会工伤保险，按照要求缴纳了工伤保险金，上述费用将由保险公司支付；如果没有参加工伤保险，则由企业按照工伤保险标准支付各种费用。因此，无论企业是否参加了工伤保险，事故后的赔偿及职工待遇以《工伤保险条例》为依据。

第七节　事故案例分析

【案例一】汽车槽车倾覆造成氰化钠泄漏事故

2000 年 10 月 24 日，福建省龙岩市上杭县 205 国道至紫金山矿矿区公路上，发生了一起氰化钠汽车槽车倾覆山涧的严重化学品泄漏事故，8t 剧毒化学品氰化钠溶液泄漏并流入小溪，引起 90 多名村民中毒，造成经济损失 300 多万元。

1. 事故经过

10 月 22 日，个体驾驶员鲁某某、潘某某，押运员王某驾乘一辆解放牌平板车装载安庆某化工集团有限公司 10.8t 浓度 33％的液体氰化钠从安庆市出发。10 月 24 日凌晨，该车通过上杭县至紫金山矿山修路施工路段时，由鲁某某驾驶、潘某某下车指挥，王某在车上押运，行进中该车后轮发生偏移，车辆翻入 17.8m 深的山沟中。翻车过程中，紧固槽罐的绳索断裂，使罐体与车辆脱离，罐装口倒置，液罐出口阀被折断，导致氰化钠液体外泄。事故发生后，驾驶员鲁某某虽用衣服堵塞折断的阀门口，但因灌口倒置，盖板脱落，氰化钠仍大量泄漏。

接到事故报告后，上杭、龙岩消防官兵以最快的速度奔向现场。经测量，槽车掉进了深20m、底宽 8m 的深谷中。消防官兵钻到树丛找到槽车时发现，罐体的入口已泄漏，入口的盖也已变形。堵住入口的方法已行不通，只好用导管吸出残液。于是消防官兵、环保人员以及紫金矿业集团技术人员搬来了专用桶，盛装用导管吸出来的残液及从地上舀起来的残液。至 17 时，共收回氰化钠残液 2t 多，残液全部运到炼金厂处理。

8t 多氰化钠流入山涧小溪，先流入古县河，再汇入汀江。古县河是上杭县群众的主要饮用水源，而汀江是龙岩市的母亲河，一旦造成污染，后果不堪设想。氰化钠所流入的小溪，恰好位于古县河、汀江的上游，于是堵住小溪溪水成为抢险的一件大事。紫金矿业股份有限公司迅速调运了 20t 漂白粉到事故现场以及附近水源，作前期消毒处理。山沟里、稻田交界处筑起了两道 5m 多高的坝体，形成总容量达 1.2 万立方米的蓄水池，控制污染源的扩大。环保监测人员 24h 在现场监测，取水化验。10 月 24 日 15 时 8 分，拦坝地表水水质监测结果，浓度最人值为超标 310 倍；25 日，最高浓度超标 69.4 倍；28 日，浓度超标最大值15.2 倍，氰化物浓度已逐渐降解。而在拦污坝外水沟、梅龙沟与旧县河汇合口前，没有发现浓度超标。

事故造成肇事地点大范围的土壤及溪水严重污染，同时，梅溪村 15 户村民饮用水源也遭受严重污染，致使 98 人中毒，经济损失 366.34 万元，所幸未造成人员死亡。

2. 事故分析

造成这起事故的直接原因，一是违章超载、指挥失误。该车核载 5t，实载 12.8t（10.8t液体氰化钠，2t 罐体）。在通过修路路段时，驾驶员心存侥幸，指挥人员潘某某对路面状况估计不足，指挥行车太靠路面边缘，造成后轮压陷路面，车辆翻下山沟。二是违章使用非专用槽车运载剧毒液体且车况严重不良。该车为普通车辆，槽罐底座与车身之间无法用紧固件牢固连接，仅用 5mm 的细尼龙绳捆绑，因此，在翻车时槽罐脱离车体，滚落车外，发生撞击，使液罐出口阀门折断，造成液体氰化钠大量泄漏。造成这起事故的间接原因，一是运输液体氰化钠的槽罐为无牌无证、非正规产品，其槽体和相关部件质量低劣，在外力作用下极易损坏。二是安庆曙光化工集团有限公司安全管理存在严重问题，对无化学危险品运输许可证使用非专用槽罐车运输剧毒化学危险品管理失控。

【案例二】押运硅铁造成中毒死亡事故

1993 年 6 月，陕西省某地区一水库管理局在发运硅铁过程中，相继发生押车人 3 死 1重伤的重大事故，这一事故虽然在运输中极为少见，但应引起注意。

1. 事故经过

6 月中旬，陕西省某地区一水库管理局需要将一批硅铁运出。经铁路部门安排车次，装货完毕后，水库管理局安排 4 名工作为铁路押运员，随车押运。不料在押运途中，4 名押运员却神秘中毒，其中 3 人经抢救无效死亡，1 人伤重住院治疗。

2. 事故分析

押车人员发生中毒的情况，在我国铁路货运史上尚属罕见。通过现场勘验和仔细分析尸检报告，终于查明了事故的真相：造成押车人中毒死亡的真正"元凶"，正是发运的硅铁中释放出的磷化氢和砷化氢气体。

磷化氢是一种无色具有特殊蒜臭味的气体，因其毒性极强，故常用来灭鼠、杀虫，是应用广泛的高效粮食熏蒸剂。磷化氢中毒主要是呼吸道吸入磷化氢所致。机体对磷化氢的吸收速度相当快，1h后即遍及全身，并可在尿中检出。磷化氢主要作用于中枢神经系统呼吸系统、心血管系统及肝、肾，其中以中枢神经系统最易受害且最为严重，当空气中磷化氢体积分数为 7×10^{-6} 时，人接触 6h 就会出现中毒症状；达到 400×10^{-6} 时，接触 $30 \sim 60min$ 有生命危险；达到 1000×10^{-6} 时，人只要接触就会立即死亡。砷化氢为无臭或略有蒜臭味的无色气体。砷化氢主要经呼吸道吸入，是一种剧烈的溶血毒物，对人的致死量仅为 $0.1 \sim 0.15g$。

硅铁怎么会释放出磷化氢和砷化氢呢？原来，硅铁本身含有磷和砷化物，在存放或运输过程中，硅铁遇水表层会发生"电化反应"，生成微量的磷化氢和砷化氢气体。照理说，这一过程是极缓慢的，不至于使人中毒死亡。然而，此次发运硅铁，正值六月阴雨天气，气候潮湿闷热，加速了这两种毒性气体的产生；加上紧盖在车上的篷布，不仅使车厢内的二氧化碳浓度增加（人呼出二氧化碳气体），空气中的酸度增高（二氧化碳与水可生成碳酸），加速了电化学反应进程，而且使车厢内的有毒气体难以流通散发。磷化氢和砷化氢均较空气重，沉积在车厢下层，致使押车人中毒身亡。

【案例三】驾驶员操作失误导致纯苯泄漏事故

1997 年 10 月，赣抚州油 0005 轮在南京装载散装纯苯 463.4t，由南京运往重庆的运输途中，由于驾驶员操作失误，导致触礁事故，造成 149.4t 纯苯泄漏进长江。

1. 事故经过

1997 年 9 月 20 日，江西省抚州籍船舶赣抚州油 0005 轮在既未办理签证，也没办理任何申报手续的情况下，违法在南京装载散装纯苯 463.4t，于次日由南京出发驶往重庆长寿。10 月 8 日，由于驾驶员操作失误，在川江小庙基岸嘴处船舶触岸嘴礁石，造成右舷第 2、第 4 舱破损，两舱内共计 149.4t 纯苯泄漏进长江。

2. 事故分析

这起事故的发生，主要有如下原因。

（1）违章装货。赣抚州油 0005 轮所载纯苯，货主系江苏省海外企业集团公司，货物装船前，货主未按有关规定到港监局办理危险货物装运申报手续。给赣抚州油 0005 轮装货的码头，在未按我国法律取得港务监督机关核发的《危险货物码头设施作业许可证》的情况下，擅自进行纯苯的装卸作业；而且违反有关安全管理规定，在未见到货主和船方的申报手续的情况下就将纯苯装上了船。

（2）违法运输。根据有关规定，凡装运爆炸品和一级易燃液体的船舶应申请船检，经检验合格，才准办理装载手续。赣抚州油 0005 轮经核准只能装载一、二、三级油类，而纯苯为一级易燃液体，该轮不具备装载安全条件，属违章载运。

（3）驾驶员操作不当。据万县长江港监局等部门的调查核实，当班驾驶员操作失误是造成该事故的直接原因，该船引水员柳某某负有船舶驾驶操作不当的主要责任。

【案例四】油罐车油罐爆炸事故

1. 事故经过

1999 年 12 月 24 日，某单位作业一大队作业 109 队队长徐某，带特车大队一辆 815 水罐车（该水罐车 12 月 23 日曾到 703 队拉运原油）到垦西污水站拉水。8 时 50 分，车到污水站后，接好污水放水管线，徐某上车罐顶开放水闸门时，发现闸门冻结，徐某用明火烘烤闸门，火星落在罐内，致使罐内达到爆炸极限的混合气体爆燃，罐体局部变形，罐顶盖飞出，击中徐头部，送医院经抢救无效死亡。

2. 事故分析

（1）水罐车装运原油后，未做清罐处理，罐内残存油气混合比达到爆炸极限，遇明火爆炸，是导致事故发生的直接原因。

（2）徐某缺乏安全常识，安全意识淡薄，在污水站违章使用明火烘烤阀门，是导致事故发生的主要原因。

习 题

一、选择题

1. 危险化学品的包装和_____必须符合国家规定。（ ）
   A. 商标   B. 标志   C. 颜色

2. 危险化学品包装按照危险程度划分为_____个包装类别。（ ）
   A. 1   B. 2   C. 3

3. 下列关于危险化学品的运输过程中的安全技术的说法错误的是（ ）。
   A. 托运危险化学品必须出示有关的证明，到指定的铁路、交通、航运等部门办理手续；
   B. 运输爆炸、剧毒和放射性物品，应指派专人押运，押运人员不得多于 2 人；
   C. 运输易燃、易爆物品的机动车，其排气管应装阻火器，并悬挂"危险品"标志。

4. 危险化学品包装箱包装标志位置应在箱体的_____。（ ）
   A. 端面或侧面的明显处   B. 底面   C. 任意面上

5. 铁质储罐能够储存下列什么危险化学品_____。（ ）
   A. 浓 H_2SO_4 B. 稀 H_2SO_4 C. 稀 HCl

6. 剧毒化学品在公路运输途中发生被盗、丢失、流散、泄漏等情况时，承运人及押运人员必须立即向当地_____报告。（ ）
   A. 安全监督管理局   B. 公安部门   C. 技术监督局

7. 搬运易燃、易爆化学品可用_____运输。（ ）
   A. 翻斗车   B. 铲车   C. 专用车

8. 运输危险化学品的车辆不可以配置下面什么灭火器。（ ）
   A. 干粉灭火器   B. 泡沫灭火器   C. 二氧化碳灭火器

9. 《危险货物包装标志》规定了危险货物标志图形共有_____种。
   A. 19   B. 20   C. 21

10. 每种化学品最多可以选用（ ）标志。
    A. 一个   B. 两个   C. 三个   D. 四个

11. 单位对危险化学品应建立标签和（ ）制度。
    A. 安全技术说明书   B. 请示报告   C. 生产经营

12. 化学品安全技术说明书编写规定化学品安全技术说明书由（ ）大项组成，且大项不能随意删除和合并，顺序不可随意变更。

A. 8   B. 16   C. 10   D. 13

二、判断题

1. 火灾后被抢救下来的双氧水，其包装外面必须用雾状水淋洗后才能重新放回仓库。

（   ）

2. 浓硫酸、烧碱、液碱可用铁制品做容器，因此也可用镀锌铁桶。 （   ）

3. 将危险品的包装分为三类，Ⅰ类包装表示包装物的最低标准，Ⅲ类包装表示包装物的最高标准。 （   ）

4. 通过公路运输危险化学品的，托运人只能委托有危险化学品运输资质的运输企业承运。 （   ）

5. 复合包装是由一个外包装和一个内容器（或复合层）组成的一个整体的包装。

（   ）

6. 金属钢（铁）桶包装最大容积一般为 450L。 （   ）

7. 高锰酸钾可以用纸袋包装。 （   ）

8. 危险货物集装箱危险包装标志应粘贴在箱体的四个侧面。 （   ）

9. 个体运输业户的车辆可以从事道路危险化学品运输经营活动。 （   ）

10. 运输危险化学品的驾驶员、押运员、船员可以不需要了解所运输的危险化学品的性质、危害特性、包装容器的使用特性和发生意外时的应急措施。 （   ）

11. 有些遇湿易燃物品不需要明火即能燃烧或爆炸。 （   ）

12. 化学品安全技术说明书国际上称作化学品安全信息卡，简称 MSDS 或 CSDS。

（   ）

三、简答题

1. 通过铁路运输剧毒化学品时，必须按照《铁路剧毒品运输跟踪管理暂行规定》执行，具体条款有哪些？

2. 通过公路运输剧毒化学品应办理什么手续？

3. 简述危险化学品的概念和分类。

4. 什么是危险化学品安全标志？使用时应该注意什么？

5. 危险化学品安全技术说明书包括哪些内容？

6. 应急救援预案的基本内容有哪些？

7. 我国事故应急救援体系将事故应急救援预案分为几级？

第三章 防火防爆技术

学习目标：
1. 熟悉防火防爆安全技术知识。
2. 了解机械、特种设备、交通运输安全技术知识。
3. 熟悉火灾的扑救仪器和设备的使用方法。

第一节 防火防爆安全技术

一、燃烧及燃烧条件

1. 燃烧的含义

燃烧是可燃物与助燃物（氧或氧化剂）发生的一种发光发热的化学反应，是在单位时间内产生的热量大于消耗热量的反应。燃烧过程具有两个特征：一是有新的物质产生，即燃烧是化学反应；二是燃烧过程中伴随有发光发热现象。

2. 燃烧的条件

燃烧必须同时具备下列三个条件：

（1）有可燃性的物质，如木材、乙醇、甲烷、乙烯等；

（2）有助燃性物质，常见的为空气和氧气；

（3）有能导致燃烧的能源，即点火源，如撞击、摩擦、明火、电火花、高温物体、光和射线等。

可燃物、助燃物和点火源构成燃烧的三要素，缺少其中任何一个燃烧便不能发生。上述三个条件同时存在也不一定会发生燃烧，只有当三个条件同时存在，且都具有一定的"量"，并彼此作用时，才会发生燃烧。对于已经进行着的燃烧，若消除其中任何一个条件，燃烧便会终止，这就是灭火的基本原理。

二、火灾及其分类

凡是在时间或空间上失去控制的燃烧所造成的灾害，都叫火灾。国家标准对火灾的分类在国家技术标准《火灾分类》（GB 4968—85）中，根据物质燃烧特性将火灾分为4类。

（1）A类火灾 指固体物质火灾。如木材、棉、毛、麻、纸张火灾等。

（2）B类火灾 指液体火灾和可熔化的固体物质的火灾。如汽油、煤油、柴油、乙醇、沥青、石蜡火灾等。

（3）C类火灾 指气体火灾。如煤气、天然气、甲烷、乙烷、氢气火灾等。

（4）D类火灾 指金属火灾。如钾、钠、镁、铝镁合金火灾等。

三、引燃源

能够引起可燃物燃烧的热能源叫引燃源。主要的引燃源有以下几种：

1. 明火

有生产性用火，如乙炔火焰等，有非生产性用火，如烟头火、油灯火等。明火是最常见而且是比较强的着火源，它可以点燃任何可燃性物质。

2. 电火花

包括电器设备运行中产生的火花，短路火花以及静电放电火花和雷击火花。随着电器设备的广泛使用和操作过程的连续化，这种火源引起的火灾所占的比例越来越大。如加压气体在高压泄漏时会产生静电火花，人体静电放电产生静电火花，液体燃料流动时的静电着火，加注燃料时的摩擦，由于燃料和输油管道、容器以及其他注油工具的互相摩擦，能产生大量的静电荷，注油的速度越快，产生的静电越多。

3. 火星

火星是在铁与铁、铁与石、石与石之间的强烈摩擦、撞击时产生的，是机械能转化为热能的一种现象。这种火星的温度一般有 1200℃左右，可以引起很多物质的燃烧。

4. 灼热体

灼热体是指受高温作用，由于蓄热而具有较高温度的物体。灼热体与可燃物质接触引起的着火有快有慢，这主要是决定于灼热体所带的热量和物质的易燃性、状态，其点燃过程是从一点开始扩及全面的。

5. 聚集的日光

指太阳光、凸玻璃聚光热等。这种热能只要具有足够的温度就能点燃可燃物质。

6. 化学反应热和生物热

指由于化学变化或生物作用产生的热能。这种热能如不及时散发掉就会引起着火甚至燃烧爆炸。

四、燃烧产物

1. 燃烧产物的含义

燃烧产物是指有燃烧或热解作用而产生的全部物质，也就是说可燃物质燃烧时，生成的气体、固体和蒸气等物质均为燃烧产物。物质燃烧后产生不能继续燃烧的新物质（如 CO_2、SO_2、水蒸气等），这种燃烧叫做完全燃烧，其产物为完全燃烧产物；物质燃烧后产生还能继续燃烧的新物质（如 CO、未燃尽的碳、甲醇、丙酮等），则叫做不完全燃烧，其产物为不完全燃烧产物。燃烧得完全还是不完全与氧化剂的供给程度以及其他燃烧条件有直接关系。燃烧产物的成分是由可燃物的组成及燃烧条件所决定的。无机可燃物大多数为单质，其燃烧产物的组成较为简单，主要是它的氧化物，如 CaO、H_2O、SO_2 等。有机可燃物的主要组成为碳（C）、氢（H）、氧（O）、硫（S）、磷（P）和氮（N），完全燃烧时主要生成二氧化碳（CO_2）、水（H_2O）、二氧化硫（SO_2）和五氧化二磷（P_2O_5）。如果在空气不足或温度较低，则会发生不完全燃烧，不完全燃烧就不仅会产生上述完全燃烧产物，同时还会生成一氧化碳（CO）、酮类、醛类、醇类、酚类、醚类等。

2. 燃烧产物的危害

二氧化碳（CO_2）是窒息性气体；一氧化碳（CO）是有强烈毒性的可燃气体；二氧化硫（SO_2）有毒，是大气污染中危害较大的一种气体，它严重伤害植物，刺激人的呼吸道，腐蚀金属等；一氧化氮（NO）、二氧化氮（NO_2）等都是有毒气体，对人存在不同程度的危害，甚至会危及生命。烟灰是不完全燃烧产物，由悬浮在空气中未燃尽的细碳粒及分解产物构成。烟雾是由悬浮在空气中的微小液滴形成，都会污染环境，对人体有害。

五、爆炸

爆炸是物质的一种急剧的物理、化学变化。在变化过程中伴有物质所含能量的快速释放，变为对物质本身、变化产物或周围介质的压缩能或运动能。爆炸时物系压力急剧升高。

一般说来，爆炸具有以下特征：

(1) 爆炸过程进行得很快；

(2) 爆炸点附近压力急剧升高，这是爆炸最主要的特征；

(3) 发出或大或小的声音；

(4) 周围介质发生震动或邻近物质遭到破坏。

火灾与爆炸事故的关系在一般情况下，火灾起火后火势逐渐蔓延扩大，随着时间的增加，损失急剧增加。对于火灾来说，初期的救火尚有意义。而爆炸则是突发性的，在大多数情况下，爆炸过程在瞬间完成，人员伤亡及物质损失也在瞬间造成。火灾可能引发爆炸，因为火灾中的明火及高温能引起易燃物爆炸。如油库或炸药库失火可能引起密封油桶、炸药的爆炸；一些在常温下不会爆炸的物质，如醋酸，在火场的高温下有变成爆炸物的可能。爆炸也可以引发火灾，爆炸抛出的易燃物可能引起大面积火灾。如密封的燃料油罐爆炸后由于油品的外泄引起火灾。因此，发生火灾时，要防止火灾转化为爆炸；发生爆炸时，又要考虑到引发火灾的可能，及时采取防范抢救措施。

六、防火防爆的基本安全措施

防止火灾、爆炸事故，必须坚持"预防为主、防治结合"的方针。防火防爆的基本安全措施主要有技术措施和组织管理措施两个方面。

1. 防火防爆的技术措施

(1) 防止形成燃爆的介质。可用通风的办法来降低燃爆物质的浓度，使它达不到燃烧、爆炸极限。也可以用不燃或难燃物质来代替易燃物质。

(2) 防止产生着火源，使火灾、爆炸不具备发生的条件。

(3) 安装防火防爆安全装置。如安装灭火器、安全阀等装置。

2. 防火防爆的组织管理措施

(1) 加强对防火防爆工作的领导。

(2) 建立健全防火防爆制度。

(3) 开展经常性的安全教育和检查。

(4) 不得占用和堵塞消防通道。

(5) 配备足够的消防器材。

(6) 加强值班，严格进行巡回检查。

七、火灾爆炸事故的处置要点

1. 火灾事故处置要点

(1) 发生火灾事故后，首先要正确判断着火部位和着火介质，立足于现场的便携式、移动式消防器材，立足于在火灾初起时及时扑救。

(2) 如果是电器着火，则要迅速切断电源，保证灭火的顺利进行。

(3) 如果是单台设备着火，在甩掉和扑灭着火设备的同时，改用和保护备用设备，继续维持生产。

（4）如果是高温介质漏出后自燃着火，则应首先切断设备进料，尽量安全地转移设备内储存的物料，然后采取进一步的生产处理措施。

（5）如果是易燃介质泄漏后受热着火，则应在切断设备进料的同时，降低高温物体表面的温度，然后再采取进一步的生产处理措施。

（6）如果是大面积着火，要迅速切断着火单元的进料、切断与周围单元生产管线的联系。停机、停泵、迅速将物料倒至罐区或安全的储罐，做好蒸汽掩护。

（7）发生火灾后，要在积极扑灭初起之火的同时迅速拨打火警电话向消防队报告，以得到专业消防队伍的支援，防止火势进一步扩大和蔓延。

2. 泄漏事故处置要点

（1）临时设置现场警戒范围　发生泄漏、跑冒事故后，要迅速疏散泄漏污染区人员至安全区，临时设置现场警戒范围，禁止无关人员进入污染区。

（2）熄灭危险区内一切火源　可燃液体物料泄漏的范围内，首先要绝对禁止使用各种明火。特别是在夜间或视线不清的情况下，不要使用火柴、打火机等进行照明；同时也要注意不要使用刀闸等普通型电器开关。

（3）防止静电的产生　可燃液体在泄漏的过程中，流速过快就容易产生静电。为防止静电的产生，可采用堵洞、塞缝和减少内部压力的方法，通过减缓流速或止住泄漏来达到防静电的目的。

（4）避免形成爆炸性混合气体　当可燃物料泄漏在库房、厂房等有限空间时，要立即打开门窗进行通风，以避免形成爆炸性混合气体。

（5）如果是油罐液位超高造成跑冒，应急人员要按照规定穿防静电的防护服，佩戴自给式呼吸器立即关闭进料阀门，将物料输送到相同介质的待收罐。

3. 爆炸事故处置要点

（1）发生重大爆炸事故后，岗位人员要沉着、镇静，不要惊慌失措，在班长的带领下，迅速安排人员报警，同时积极组织人员查找事故原因。

（2）在处理事故过程中，岗位人员要穿戴防护服，必要时佩戴防毒面具和采取其他防护措施。

（3）如果是单个设备发生爆炸，首先要切断进料，关闭与之相邻的所有阀门，停机、停泵、停炉、除净塔器及管线的存料，做好蒸汽掩护。

（4）当爆炸引起大火时，在岗人员应要利用岗位配备的消防器材进行扑救，并及时报警，请求灭火和救援，以免事态进一步恶化。

（5）爆炸发生后，要组织人员对临近的设备和管线进行仔细检查，避免再次发生灾害。

第二节　机械设备安全技术

机械安全是指从人的安全需要出发，在使用机械设备全过程的各种状态下，达到使人的身心免受外界危害的存在状态和保障条件。

一、机械伤害的种类

（1）机械设备零、部件旋转时造成的伤害　例如机械设备中的齿轮、皮带轮、滑轮、轴、联轴节等零、部件。这种伤害的主要形式是绞伤和物体打击伤。

（2）机械设备的零、部件作直线运动时造成的伤害　例如锻锤、冲床、切钣机的施压部件、牛头刨床的床头、龙门刨床的床面及桥式吊车大、小车和升降机构等。这种伤害事故主要有压伤、砸伤、挤伤。

（3）刀具造成的伤害　例如车床上的车刀、铣床上的铣刀、钻床上的钻头、磨床上的磨轮、锯床上的锯条等。刀具在加工零件时造成的伤害主要有烫伤、刺伤、割伤。

（4）被加工的零件造成的伤害　这类伤害事故主要有：

① 被加工零件固定不牢被甩出打伤人，例如车床卡盘夹不牢，在旋转时就会将工件甩出伤人；

② 被加工的零件在吊运和装卸过程中，可能造成砸伤。

（5）电气系统造成的伤害　工厂里使用的机械设备。其动力绝大多数是电能，因此每台机构设备有自己的电气系统。电气系统主要包括电动机、配电箱、开关、按钮、局部照明灯以及接零（地）和馈电导线等。电气系统对人的伤害主要是电击。

（6）其他伤害　有的机械设备在使用时伴随着发出强光，产生高温，还有的放出化学能、辐射能以及尘毒危害物质等，这些对人体都可能造成伤害。

二、发生机械伤害事故的原因

（1）违反安全操作规程或者由于失误产生不安全行为，没有穿戴防护用品。

① 正在检修机器或检修好尚未离开时，他人误开动机器伤害检修人员。

② 检查、保养正在运转的机器时，因误入某些危险区域造成伤害。

③ 钢丝绳断开或突然弹起造成伤害。

④ 防护用品穿戴不好，衣角、袖口、头发等被转动的机械卷入造成伤害。

⑤ 设备超载运行或保险装置失灵等原因造成断裂、爆炸事故。

⑥ 操作方法不当或不慎造成事故。

（2）机械设备本身的结构、强度等不合理或安装维修不当且缺乏安全保护装置。

① 机械设备转动部分，如皮带轮、齿轮、联轴器等没有防护罩壳而轧伤人或转动部件的螺丝松动脱出而击伤人。

② 机械设备某一部件没有安装牢固，倾翻而伤人。如电动绞车回绳轮的固定桩拉脱，链板运输机的机尾倾翻等。

③ 机械设备某些零件强度不够，突然断裂而伤人。如钢丝绳、装载机的臂等。

④ 操作时，人体与机械设备某些易造成伤害的部位接触；机械设备的防护栏、盖板不齐全，使人易误入或失足进入危险区域而遭伤害。

（3）工作环境不良也是造成机械伤害事故的原因。

① 工作空间狭窄，物件堆放杂乱，易造成伤害事故。

② 工作场所照明不良、粉尘浓度高造成作业环境能见度低，易发生伤害事故。

③ 工作环境噪声大，影响安全信号的传递，易发生机械伤害事故。

三、机械设备的基本安全要求

不同的机械设备尤其是专业机械设备有其独特的安全要求，这里只介绍机械设备的基本安全要求。

（1）根据各类机械设备的特点制定安全操作，定期对操作人员进行安全技术教育和安全操作技能培训，经常检查操作人员是否有违章操作现象。

（2）机械设备的布局要合理，应便于操作人员装卸工件，加工观察和清除杂物，同时也应便于维修人员的检查和维修。

（3）机械设备的零、部件的强度、刚度应符合安全要求，安装应牢固。

（4）机械设备根据有关安全要求，必须装设合理、可靠、不影响操作的安全装置。

四、预防机械伤害事故的主要措施

（1）加强安全管理，建立健全安全操作规程；对操作人员要进行岗位培训，使其正确操作设备；操作人员按规定穿戴好防护用品；对于在设备开动时有危险的区域，禁止人员进入。

（2）机械设备自身要有良好的安全性能和必要的安全保护装置。如机器的传动皮带、齿轮及联轴器等旋转部位都要装设防护罩；易伤人或不允许接近的部位要装设栏杆或栅栏门等隔离装置；易造成失足的沟、堑、洞应有盖板；要装设各种必要的保险和报警装置；机械设备的各部件强度应满足要求，安全系数要符合有关规定。

（3）要搞好机械设备的安装、维修工作，使其保持良好的性能。

（4）要为机械设备的安装和使用创造必要的环境条件。如机械设备安装的空间不能过于狭小，要有良好的照明等，以便于机械设备安装和维修工作的顺利进行，减小因操作人员失误而造成的伤害。

第三节　特种设备安全技术

特种设备是指涉及生命安全、危险性较大的锅炉、压力容器（含气瓶）、压力管道、电梯、起重机械、客运索道等设施。

一、起重机械安全技术

起重机械以间歇、重负的工作方式，通过起重吊钩和其他吊具起升、下降及运移重物。

1. 起重伤害事故的主要类型

起重伤害事故是指起重机械在作业过程中由于机具、吊物等所引起的人身伤亡或设备损坏事故。据统计，在冶金、机电、铁路、港口、建筑等生产部门，起重机械所引发的事故占有很大比例，高达 25％左右，其中死亡事故占 15％左右。主要有坠落事故、挤压碰撞事故、触电事故和机体毁坏。

（1）坠落事故　指在作业中，人、吊具、吊载的重物从空中坠落所造成的人身伤亡或设备损坏事故。吊物坠落造成的伤亡事故占起重伤害事故的比例最高，其中因吊索存在缺陷（如钢丝绳拉断、平衡梁失稳弯曲、滑轮破裂导致钢丝绳脱槽等）造成的坠落最为严重；还有因捆扎方法不妥（如吊物重心不稳、绳扣结法错误等）造成的坠落。

（2）挤压碰撞事故　常发生的挤压碰撞事故主要有以下 4 种：吊物（具）在起重机械运行过程中摇摆挤压碰撞人；吊物（具）摆放不稳发生倾倒碰砸人；在指挥或检修移动式起重机作业中被挤压碰撞；在巡检或维修桥式起重机作业中挤压碰撞。

（3）触电事故　绝大多数发生在使用移动式起重机的作业场所，尤其在建筑工地或码头上，起重臂或吊物意外触碰高压架空线路的机会较多，容易发生触电事故。

（4）机体毁坏 由于操作不当（如超载、臂变幅或旋转过快等）、支腿未找平或地基沉陷等原因使倾翻力矩增大，导致起重机倾翻。

2. 起重机械安全操作要求

尽管起重机械的种类很多，但它们存在着共同的特性，有着最基本、最普遍适用的安全操作要求。

（1）起重作业人员须经有资格的单位培训并考试合格，才能持证上岗。

（2）起重机必须设有安全装置，如起重量限制器、行程限制器、电气防护性接零装置、端部止挡、缓冲器、联锁装置、信号装置等。

（3）开车前必须先打铃或报警，操作中接近人时也应给予持续铃声或报警。

（4）起重机司机接班时，应对制动器、吊钩、钢丝绳和安全装置进行检查，发现异常时，应在操作前将故障排除。

（5）工作时突然断电，应将所有控制器手柄返回零位；重新工作前，应检查起重机是否工作正常。

（6）有下列情况之一时，司机不应进行操作：超载或物体重量不清时；信号不明确，或工作场地昏暗，无法看清场地、被吊物情况和指挥信号时；捆绑、吊挂不牢或不平衡，可能引起滑动时；被吊物上有人或浮置物时；存在影响安全工作的缺陷或损伤。

（7）重物不得在空中悬停时间过长，且起落、回转动作要平稳，不得突然制动。

（8）吊运重物时，不准落臂；必须落臂时，应先把重物放在地上；吊臂仰角很大时，不准将被吊的重物骤然放下，防止起重机向一侧翻倒。

（9）两台起重机同时进行抬吊时，要按比例分配荷重，每台都不应超载，并且起吊速度要协调一致。

（10）操作应按指挥信号进行，指挥信号必须明确、符合标准。听到紧急信号，任何人都要立即执行。

（11）吊运物品时，不得从有人的区域上空经过；吊物上不准站人；不能对吊挂着的物品进行加工。

（12）轨道上露天作业的起重机，在工作结束时，应将起重机锚定；当风力大于 6 级时，一般应停止作业，并将起重机锚定；对于门座起重机等在沿海工作时，当风力大于 7 级时，应停止作业，并将起重机锚定。

（13）有主副两套起升机构的起重机，主副钩不应同时开动（设计允许同时使用的专用起重机除外）。

（14）建立健全维护保养、定期检验、交接班制度和安全操作规程。

（15）严格检验和修理起重机机件，如钢丝绳、链条、吊钩、吊环和滚筒等，报废的应立即更换。

（16）电气设备的金属外壳必须接地。禁止在起重机上存放易燃易爆物品，司机室应备灭火器。

3. 起重机械安全管理措施

（1）严格遵守起重机安全操作规程 起重吊运方面的国家标准是进行起重吊运管理和保证安全作业的依据。现行的国家标准主要有《起重机械安全规程》、《起重机司机安全技术考核标准》、《起重吊运指挥信号》等。要保证起重吊运工作的安全，减少或防止伤害事故的发生，就必须严格遵守起重机安全操作规程。

（2）人员要求 根据《起重机司机安全技术考核标准》的规定，起重机司机必须经过当地政府职能部门的安全培训和考核。培训后进行考核，考核内容包括安全技术理论考试和实际操作技能考核两个方面。考核合格后，方可上岗作业。

（3）施工方案和现场管理　对于较大的工程应有施工方案，包括人员配置、起重机的选择、吊装技术方法、运行线路、构件的运输及堆放、施工安全技术措施等。起重吊运指挥人员必须经有关部门进行安全技术培训，取得合格证后方能进行指挥。

（4）定期维护检查　起重机械的使用单位应经常对起重机械进行定期检查、维修和保养，并按规定向所在地区技术监督部门申请起重机械的定期安全技术检验。对检验中发现的缺陷，必须采取措施进行处理，做到及早发现并消除安全隐患。

二、锅炉安全技术

锅炉是指用各种燃料燃烧或者电能，将所盛装的液体加热到一定的参数，并承载一定压力的密闭设备。

1. 锅炉运行中常见的事故及原因

锅炉运行中常见的事故可分为 3 类：爆炸事故、重大事故和一般事故。

（1）爆炸事故　指锅炉中的主要受压部件如锅筒（锅壳）、联箱、炉胆等发生破裂爆炸的事故。这种事故常常导致设备、厂房损坏和人身伤亡，造成重大损失。司炉工对指示仪表监视不严或操作失误（如误关闭或关小出气阀门）；锅炉严重缺水，未按照规定立即停炉，而匆忙上水，也是造成爆炸事故的常见原因。

（2）重大事故　指锅炉无法维持正常运行而被迫停炉的事故。这类事故虽不像锅炉爆炸事故那样严重，但也常常造成设备损坏和人身伤亡，并使锅炉被迫停运，造成严重的经济损失。这类事故又分为以下几种类别：

① 缺水事故。当锅炉水位低于水位表最低安全水位刻度线时，即形成了锅炉缺水事故。严重的缺水会使锅炉管子过热变形甚至破裂，胀口渗漏以致脱落。造成缺水的原因主要是司炉工对水位监视不严；水位表故障造成假水位而司炉人员未及时发现；排污后忘记关排污阀，或者排污阀泄漏等。

② 炉管爆破。锅炉蒸发受热面管子在运行中爆破，此时蒸汽和给水压力下降，炉膛和烟道中有汽水喷出，燃烧不稳定。炉管爆破时，通常必须紧急停炉。导致炉管爆破的原因主要有：水质不良、管子结垢、管壁因腐蚀而减薄。

③ 水击事故。发生水击时，管道承受的压力骤然升高，发生猛烈振动并发出巨大声响，常常造成管道、法兰、阀门等的损坏。

④ 炉膛爆炸。燃气、燃油锅炉或煤炉，当炉膛内的可燃物质与空气混合物的浓度达到爆炸极限时，遇明火就会爆燃，甚至引起炉膛爆炸。炉膛爆炸会损坏受热面、炉墙及构架，造成锅炉停炉，有时还会造成人身伤亡。

⑤ 满水事故。锅炉水位高于水位表最高安全水位刻度线时，叫做锅炉满水。造成满水事故的原因主要有：司炉人员对水位监视不严；水位表故障造成假水位而司炉人员未及时发现；给水自动调节器失灵而司炉人员未及时发现。

⑥ 汽水共腾。锅炉蒸发面表面汽、水共同升起，产生大量泡沫并上下波动翻腾，其后果会使蒸汽带水，降低蒸汽品质，造成过热器结垢及水击振动。形成汽水共腾有两方面的原因：一是锅水品质太差，锅水中悬浮物或含盐量太大、碱度过高，锅水黏度很大，气泡被黏附在锅水表面层附近来不及分离出去；二是负荷增加和压力降低加快。

此外，锅炉的重大事故还有锅炉结渣、尾部烟道二次燃烧、省煤器损坏等。

（3）一般事故　指在运行中可以排除的故障或经过短暂停炉即可排除的事故，其影响和损失较小。

2. 锅炉安全技术要求

（1）对锅炉结构的基本安全技术要求

① 各部分在运行中应能按设计的预定方向自由膨胀。

② 保证各循环回路的水循环正常，所有受热面都应得到可靠的冷却。

③ 各受压元件应有足够的强度，锅筒或锅壳的壁厚均不应小于6mm。

④ 受压元、部件结构的形式、开孔和焊缝的布置应尽量避免或减少复合应力和应力集中。

⑤ 承重结构在承受设计载荷时应具有足够的强度、刚度、稳定性和防腐蚀性，设计制造锅炉受压元件的金属材料，应是锅炉专用的优质碳素钢或低合金钢。

⑥ 锅炉上应按规定开设必要的人孔、手孔、检查孔，以便于安装、维修和清扫内部。

⑦ 水管锅炉锅筒的最低安全水位应能保证对下降管可靠供水；水管锅炉的最低安全水位应高于最高火界100mm。

⑧ 用煤粉、油或气体作燃料的锅炉，应设有在风机电源跳闸时自动切断燃烧供应的联锁装置，并尽量装设点火程序控制，在容易爆炸的部位应装设防爆门，防爆门的装设应不危及人身安全。

（2）对锅炉安全附件的基本安全技术要求

① 对安全阀的安全技术要求。

a. 蒸发量大于0.5t/h的锅炉，至少应该装设两个安全阀；蒸发量小于或等于0.5t/h的锅炉，至少应装设一个安全阀。

b. 安全阀应该垂直地装在锅筒的最高位置；压力容器的安全阀最好直接装设在容器的本体上。

c. 要经常保持安全阀的清洁，防止阀体弹簧等被油污、垢物等所粘满或锈蚀，防止安全阀排放管被油垢或其他物堵塞。

d. 安全阀每年至少进行一次清洗和校验，校验后加锁或铅封。

② 对压力表的安全技术要求。

a. 装在锅炉上的压力表，其最大量程应与设备的工作压力相适应。

b. 锅炉用压力表应具有足够的精度。

c. 为了使操作工人能准确地看清压力值，压力表的表盘不应过小。

d. 经常注意检查压力表指针的转动与波动是否正常。

e. 压力表应保持洁净，表盘上的玻璃要明亮清晰，使表盘内指针能清楚易见。

f. 压力表必须定期进行校验，已经超过校验期限的压力表应停止使用。

③ 对水位表的安全技术要求。

a. 每台锅炉至少应装设两个彼此独立的水位表。蒸发量小于0.5t/h的锅炉，可以装设一个水位表。

b. 水位表应装在便于观察、冲洗的地方，并要有足够的照明。

c. 水位表应有指示最高、最低安全水位的明显标志。

d. 为防止水位表损坏伤人，玻璃管式水位表应装有防护装置，但不得妨碍观察真实水位。

e. 锅炉运行中要随时监视并定期冲洗水位表。

3. 锅炉安全运行与管理

（1）锅炉一般应装在单独建造的锅炉房内，不得装在人口密集的房间内或其上面、下面及主要疏散口的两旁。

（2）对锅炉的安全管理有以下几点要求：使用定点厂家生产的合格产品；锅炉使用单位应建立锅炉的设备档案；使用锅炉的单位应对设备实行专责管理；操作人员应持证上岗；严格照章运行，定期进行检验；严格监督、控制锅炉给水及锅水水质等。

（3）蒸汽锅炉遇有下列情况之一时，应紧急停炉：锅炉水位低于水位表的下部最低可见边缘；不断向锅炉进水及采取其他措施但水位仍然下降；锅炉水位超过最高可见水位（满水），经放水仍不见水位；给水泵全部失效或给水系统发生故障，不能向锅炉进水；水位表或安全阀全部失效；锅炉元件损坏危及运行人员安全；燃烧设备损坏，炉墙倒塌或锅炉构件被烧红等，严重威胁锅炉安全运行；其他异常情况危及锅炉安全运行。

（4）加强对设备的日常维护保养和定期检验，保证锅炉经济运行。

三、压力容器安全技术

压力容器也叫受压容器，是指盛装气体或者液体的承载一定压力的密闭设备。

1. 压力容器的断裂形式及其原因

（1）脆性断裂　发生脆性断裂的主要原因是因制造容器的材料在低温情况下韧性降低和容器存在缺口产生应力集中而引起的。

（2）疲劳断裂　疲劳断裂是材料经过长期的反复载荷以后，由于疲劳而在比较低的应力状态下，没有经过明显的塑性变形突然发生的断裂。

（3）塑性断裂　塑性断裂是压力窗口在内部压力作用下，器壁上产生的应力达到材料的强度极限而发生的。

（4）应力腐蚀断裂　应力腐蚀断裂是窗口在腐蚀性介质和拉伸应力的共同作用下产生的一种断裂。

2. 压力容器安全技术要求

（1）压力容器本体安全技术要求

① 压力容器的设计压力不得低于最高工作压力。

② 制造压力容器的金属材料，应是专用的碳素钢或低合金钢，以保证容器在使用条件下具有规定的力学性能和耐腐蚀性能。

③ 压力容器的壳体和封头的厚度，应按现行的 GB 150—89《钢制压力容器》计算，并根据容器的使用寿命和介质的腐蚀速率有足够的腐蚀裕量。

④ 压力容器的结构设计应符合如下原则：防止结构上的形状突变；引起应力集中或削弱强度的结构应相互错开；避免产生较大的焊接应力或附加应力的刚性结构；防止部件的热胀冷缩受约束。

⑤ 焊缝的布置和焊接质量应符合《压力容器安全技术监察规程》的规定。

⑥ 压力容器制成后必须进行水压试验，必要时还应进行气密试验。

（2）压力容器安全附件安全技术要求

① 压力容器必须按规定装设安全阀、爆破片、压力表、液面计和测温仪表等安全附件。

② 对易燃、毒性程度为极度、高度或中度危害介质的压力容器应在安全阀或爆破片的排出口装设导管，将排放介质引至安全地点，并进行妥善处理，不得直接排入大气。

③ 安全阀、爆破片的排放能力必须大于或等于压力容器的安全泄放量。

④ 安全附件应实行定期检验制度。安全阀一般每年至少检验一次；爆破片应定期更换，更换期限由使用单位根据本单位的实际情况确定。

⑤ 安全阀的开启压力不得超过压力容器的设计压力；爆破片标定爆破压力不得超过压力容器的设计压力。

⑥ 液面计应安装在便于观察的位置。

⑦ 压力表的选用必须与容器内的装设相适应，装设位置应便于操作人员观察和清洁。

3. 压力容器安全运行与管理

（1）压力容器的使用单位在压力容器投入使用前，应到安全监察机构办理使用登记手续。

（2）压力容器单位的安全技术管理工作的主要内容有：贯彻执行《压力容器安全技术监察规程》和有关的压力容器安全技术规范；制定压力容器的安全管理规章制度；检查压力容器的运行、维修和安全附件校验情况；制定压力容器的年度定期检验计划，并负责组织实施；对压力容器事故进行调查分析并撰写报告；对检验、焊接和操作人员进行安全技术培训；建立压力容器技术资料档案。

（3）压力容器的操作人员应持证上岗，要指定具有压力容器专业知识的工程技术人员负责安全技术管理工作。

（4）压力容器的使用单位应在工艺操作规程和岗位操作规程中，明确提出压力容器安全操作要求：压力容器的操作工艺指标，压力容器的岗位操作方法，压力窗口运行中应重点检查的项目和部位，运行中可能出现的异常现象和防止措施，以及紧急情况的报告程序。

（5）压力容器发生下列异常现象之一时，操作人员应立即采取紧急措施，并按规定的报告程序及时向有关部门报告：压力容器工作压力、介质温度或壁温超过许用值，采取措施仍不能得到有效控制；安全附件失效；接管、坚固件损坏，难以保证安全运行；发生火灾直接威胁到压力容器安全运行；过量充装；压力容器液位失去控制，采取措施仍不能得到有效控制；压力容器与管道发生严重振动，危及安全运行等。

（6）压力容器内部有压力时，不得进行任何修理工作。

（7）压力容器的使用单位必须认真安排压力容器的定期检验工作，并将压力容器年度检验计划报主管部门和当地安全监察机构。

第四节　交通运输安全技术

一、港口、码头的一般防火要求

（1）港口、码头防火工作必须贯彻"预防为主，防消结合"的方针，实行"谁主管谁负责"的原则。各码头及码头中转库要确定防火负责人，制定防火管理规章制度，并监督、检查、落实其执行情况，消除各种火灾隐患。

（2）码头装卸区防火重点包括：作业区、冷库动力机修、办公用房和生活设施等。装卸区分杂货装卸区、煤炭装卸区、谷物装卸区、集装箱装卸区、化学危险品装卸区。做好装卸区防火工作，关键抓好两点：一是装卸区布局要合理；二是健全消防安全管理制度。

① 合理布局。港口、码头设计严格按防火要求审查，应根据防火和灭火的需要，分区合理布局。在主要生产区内不设置锅炉房、加油站和变配电站等。办公室和生活设施不宜设

在前沿作业区和库房之间，并保持安全距离。消防通道和消防设施、建筑物耐火等级必须符合有关规范。

② 安全生产管理制度。"三标"：标准关，报关要标准，不超高、超宽、超重；标准垛，货垛整齐；留有间距，方便安全检查；标准舱，按图配载，堆货平整稳固。

"六清"：舱底清、甲板清、码头清、库场清、机械工具清、道路清。

③ 港口消防：必须根据交通部（1992）交公安发 142 号、151 号文件《港口中转仓库防火管理规定》、《港口消防规划建设管理规定》的要求执行。

二、飞机场飞行区基本防火要求

（1）在飞行区上空应划定净空区，即在机场及其邻近地区上空，根据在本机场起降飞机性能，规定若干障碍物限制面，不允许地面物体超越限制面的高度。在净空区域内的障碍物，凡危及飞机安全的都必须拆除。

（2）对使用的跑道、滑行道、停机坪每天必须进行安全检查，发现有垃圾杂物或有碍飞机安全的物体应立即清扫排除。

（3）保持各种道面完整平坦，对可能损伤飞机的道面缺陷必须及时消除。安全道要定期进行平整、碾压和除草。

（4）对运行中的助航灯光系统，必须坚持每天安全巡视检查，对运行中的供电设备（包括各种电缆、变压器、调光器、开关柜和备用发电设备等），必须按国家有关规程的规定进行有效的维护管理。

（5）在飞行区附近禁止的是：①修建可能在空中排放大量烟雾、粉尘、火焰等有碍飞行安全的建筑物或设施；②修建靶场、强烈爆炸物品仓库或其他可能危及飞行安全的建筑物及设施；③设置易与机场目视导航设施混淆的其他灯光、标志或者物体。

（6）机场消防站应按专业规范设计和设置，配备的消防车是机场的主要灭火设备，其他设备和消防给水也应满足与机场类别一致的条件。

三、火车站（客、货）场的防火要求

（1）客运站是人员密集的公共场所，防火的重点部位是候车室、行李房等。具体防火措施如下。

① 客运站是人员密集的公共场所，防火隔离、采暖通风、安全疏散、消防设施等方面，必须符合《建筑设计防火规范》的要求。

② 室内应设置醒目的"严禁携带易燃、易爆物品乘车"的宣传牌及"乘客须知"公告栏，并用各种形式，宣传夹带易燃、易爆物品乘车的危险性和安全旅行的重要性，使旅客自觉遵守防火安全规定。

③ 对旅客携带的物品，应加强观察和询问，发现可疑迹象应及时检查，防止旅客藏匿易燃、易爆物品乘车。

④ 经常向旅客宣传吸烟不得乱扔烟火、火柴梗及禁烟场所禁止吸烟。

⑤ 行李房内严禁烟火，电气设备安装应和《仓库防火安全管理规则》要求相同。

（2）货运站的防火部位主要是危险货物的货场，专用的货物、仓库、线路和保证安全的特殊设备，必须与其他货场分开放置，仓库和建筑除必须符合《建筑设计防火规范》的要求外，还应采取如下措施。

① 货场应有明确的防火负责人和安全员，建立健全防火安全组织和各项安全制度。

② 危险物货场、仓库区必须和生活区、维修工房分隔通道，保管员办公室应独立设置。

③ 储存易燃易爆物品库房的地面，应采用不发火材料。

④ 危险货场必须根据其性质，按照分装隔离的要求，专库或隔离存放。性质相互抵触，灭火方法不同的货物不得混放。

⑤ 加强对危险货物进出的安全检查，发现破损、渗漏、变形，应在指定的安全地点，采取防护措施予以妥善处理，对超过交付期限的危险货物应及时妥善处理，不得将大量危险货物积压在货场、车站。

⑥ 危险货物堆放不得过高、过密。对性质不稳定、容易变质、分解和自燃的货物，应定时检查、测温、化验，防止自燃、爆炸。超过安全储存期和变质的危险货物应妥善处理。

⑦ 危险物货场、仓库内的电气设备、线路必须按国家现行有关技术规范进行安装、使用和管理。

⑧ 危险物货场、仓库属严禁烟火区域，不符合防火防爆要求的车辆和装卸机具设备不得进入和使用。

⑨ 装卸作业结束后，必须清扫和冲洗作业现场，保证不遗留易自燃和摩擦撞击会起火爆炸的危险物残余。

⑩ 危险货物场、仓库应安装避雷设施，并于每年雷雨季节到来之前检测一次，其接地电阻值应符合国家标准。

四、汽车库（场）的防火要求

（1）汽车在停车场内行驶的防火要求。

① 保持车况良好，防止"带病"运行。

② 客运车辆应宣传禁止在车上吸烟，要查堵携带危险化学品的乘客。

③ 货运车辆装运可燃物品，必须用油布覆盖，押运员和其他随行人员不得吸烟。

④ 装运化学物品应符合安全要求，禁止将性质抵触、灭火方法不同的物质同车运输，包装破损，不符合安全条件的不得装运，装运易燃易爆液体的车必须有静电疏导接电体；禁止客货混装；行驶时遵守交通规则。

⑤ 车辆进入禁火区域，应配套阻火器，发生故障应推出禁火区域后再进行修理。

⑥ 载有化学危险品的车辆不应在人员密集区或要害部位停靠，停靠或过夜时，驾驶员和押运员不得同时离开车辆。

（2）汽车库（场）的防火要求、除了一定要严格执行《汽车库设计防火规范》外，还应注意以下几点。

① 布局：禁止设在甲、乙火灾危险性的厂房、库房和易燃液体、可燃液化气、可燃气体及其易燃材料堆放区域内，汽车库（场）还应与托儿所、幼儿园和医院的病房楼分开布置。

② 停放运输一级易燃液体和液化石油气等机车的库（场），不得设在建筑物的地下室和半地下室，也不应设在民用建筑的底层，应独立设置，如果是敞开式的停车库，还应在四周设置高度为1m的防火堤，车库内严禁设地下室或其他坑道。

③ 在多层的停车库内，修理车辆的车位应设在底层，并与停车位用防火墙隔开。

④ 在地下或半地下车库内，不应设置汽油库。

⑤ 停车库、修车库耐火等级不低于三级，甲、乙类危险物品槽车停车库耐火等级不低于二级。

五、隧道的防火管理要求

（1）车辆在隧道内不准超车，客车不得在隧道内上下客及随意停车，货车所载货物应捆扎牢固，防止掉落。

（2）隧道管理部门应设牵拉车，发生交通事故，车辆"抛锚"应立即进行疏散，防止交通阻塞，以便一旦发生火灾时便于扑救。

（3）应限制装载爆炸品及其他特别危险物品的车辆进入隧道，物品包装必须良好，防止泄漏。

（4）进入隧道的车辆应按规定配备灭火器。

（5）进入隧道的车辆应车况良好，防止在隧道内"抛锚"。

六、地铁车站的防火措施要求

地铁车站是工作人员和乘客最为集中的地方。车站的耐火等级为一级，但在装卸、设备、办公、生活用具方面存在一定数量的可燃物，电气设备是发生火灾的危险部位，因此车站应采取以下防火措施。

（1）车站建筑的主体均应采用非燃烧体，辅助设施、办公、生活用具应尽量采用非燃或难燃型，并严格限制使用各种塑胶制品。

（2）根据车站的布局，采取防火墙、水幕或防火卷帘门等措施。进行必要的防火、防烟分隔。

（3）在车站的各安全出口、通道的交叉口、楼梯等部位，设置事故照明和疏散引导标志，改善疏散条件，禁止在以上各处堆放物品，搭建临时房屋，以免妨碍疏散通道的畅通。

（4）禁止在站内存储易燃物品，定期清理可燃弃物，在站内禁止吸烟，严禁携带易燃易爆物品进站乘车。

（5）严格用火用电安全制度，限制站内使用电器的数量。

（6）车站内的变电站、风机房、通信信号、调度指挥等重要设备间，应装火灾自动报警和自动灭火设备系统。

（7）建立能对全站风、水、电、广播通信集中控制的防火监控中心，并与上级的防火中心和公安消防部门构成信息网，以及时发现处理火灾。

第五节　事故案例分析

【案例一】某石化公司合成橡胶厂丙烯回收罐发生闪爆

1. 事故经过

2002 年 11 月 4 日，某石化公司合成橡胶厂聚丙烯车间安排清理高压丙烯回收罐（R-104a）和原料罐（R-101a、b、c）内的聚丙烯粉料。车间通过合成橡胶厂销售部管理的聚丙烯转运队找来 4 名民工进行清理。11 月 5 日下午，对罐内气体采样分析，可燃气体含量为 1.33%，远远超过不大于 0.2% 的指标要求。车间南工段技术员违章指挥，安排民工清理 R-101c。11 月 6 日上午，未进行采样分析，清理了 R-101a。6 日下午 14 时 30 分，对高压回收

罐 R-104a 采样分析，丙烯和氧含量均不合格。15 时 20 分再次采样分析，丙烯含量为
1.84%，不合格。16 时 39 分，车间南工段二班副班长胡××打电话向工段技术员询问分析
结果，工段技术员在电话中表示合格了，指示×××安排民工进罐作业，并安排人在外监
护。×××随即安排民工廖××、袁××和李××开始进入罐内作业，胡××和另一名民工
杨×在外监护。16 时 45 分即发生了爆炸，火柱从人孔处喷出约 3m 高。罐内作业的 3 人及
罐外 2 名监护人员被不同程度烧伤。罐内作业 3 人被送往医院抢救，其中廖××于当日 18
时死亡，袁××于 25 日死亡，李××重伤。罐外监护人杨×、胡××轻伤。

2. 事故分析

事故的直接原因是高压丙烯回收罐置换不彻底，罐内的残存气体及聚丙烯粉料被搅动过
程中挥发出的丙烯气体与空气混合，形成了爆炸性混合气体；工段作业人员严重违章操作，
在气体分析不合格的情况下，安排人员进罐作业，在未见到合格的气体分析单，没有开具进
设备作业票的情况下传递违章作业指令。作业过程中使用的铁锹与罐壁摩擦产生火花，引起
闪爆，导致了事故的发生。

事故反映出聚丙烯车间管理松弛，管理人员和职工安全意识淡薄，对习惯性违章作业熟
视无睹，麻木不仁。事故发生前的 11 月 5 日及 6 日上午，分别在气体分析不合格或未进行
气体分析的情况下，不开具进设备作业票，违章安排民工进罐作业，属于严重违章。

事故同时反映出安全管理存在严重漏洞，安全生产责任制落实层层衰减。有关职能部门
对危险作业重视不够，车间没有按规定编制作业方案和安全技术措施，有关职能部门也未提
出任何要求；在作业过程中，安全监督管理人员没有到现场检查，及时发现和制止无证进罐
的严重违章行为；没有执行外来人员安全教育制度，4 名作业民工中只有 1 人有入厂安全教
育记录，作业人员不具备最基本的安全防范意识，也是此次事故发生的主要原因。

【案例二】印度博帕尔农药厂毒气泄漏事故

1. 事故经过

1984 年 12 月 3 日零点刚过，印度中央邦首府博帕尔市农药厂 3 号储存有 45t 甲基异氰
酸酯储罐温度迅速升高，保养工试图搬动手动减压阀（自动阀已坏）未成功，急忙报告工
长，4 名工人头戴防毒面具进行处理，但毫无结果。温度在上升，这意味着罐内介质开始汽
化，在工厂上班的 120 名工人惊恐万分，抛下工作，各奔家中，只有 1 名叫萨基儿·阿赫迈
德的工人仍在 3 号罐前孤军奋战。

一名工人拉响了警报，但太晚了。零点刚过，惊天动地一声巨响，3 号罐阀门断裂，一
股乳白色的烟雾直冲天空。

1h 后，博帕尔市政当局从巴哈喇特重型电器有限公司派来技术人员，他们成功地封闭
了 3 号储罐，但罐内甲基异氰酸酯已泄漏 25t，酿成了人类历史上最惨重的工业事故。事故
致使 3859 人死亡，5 万人双目失明，10 万人终身残疾，20 万人中毒。人们把这称之为人类
历史上的灾难。

2. 事故分析

（1）该事故主要是由于 120～240gal（1gal＝3.785dm³）水进入甲基异氰酸酯（简称
MIC）储罐中，引起放热反应，致使压力升高，防爆膜破裂而造成的。至于水如何进入罐内
问题未彻底查清，可能是工人误操作。

（2）此外还查明，由于储罐内有大量氯仿（氯仿是 MIC 制造初期作反应抑制剂加入
的），氯仿分解产生氯离子，使储罐（材质为 304 不锈钢）发生腐蚀而产生游离铁离子。在

铁离子的催化作用下，加速了放热反应进行，致使罐内温度、压力急剧升高。

（3）漏出的 MIC 喷向氢氧化钠洗涤塔，但该洗涤塔处理能力太小，不可能将 MIC 全部中和。

（4）洗涤塔后的最后一道安全防线是燃烧塔，但结果燃烧塔未能发挥作用。

（5）重要的一点是，该 MIC 储罐设有一套冷却系统，以使储罐内 MIC 温度保持在 0.5℃左右。但调查表明，该冷却系统自 1984 年 6 月起就已经停止运转。没有有效的冷却系统，就不可能控制急剧产生的大量 MIC 气体。

进一步的深入调查表明，这次灾难性事故是由于违章操作（至少有 10 处违反操作规程）、设计缺陷、缺乏维修和忽视培训造成的。而这一切又反映出该工厂安全管理的薄弱。

【案例三】压力容器事故案例

1. 事故经过

某木耳养殖场使用直接火矩形压力容器。事故当天，木耳培养基（锯末）杀菌用的杀菌器操作者休班，业主在上午 10 点将喷嘴点着火，下午 2 点左右关了出气管阀门，在密闭状态下继续燃烧。然后，业主外出，3 点 40 分左右本体爆炸，作业中的工人被飞来的本体砸倒，杀菌器的右侧法兰和筒体向外鼓出，盖板崩飞，本体向后飞出 46m，盖板向相反方向飞出 12m，将建筑物的柱子砸断，最终导致 1 人死亡、6 人重伤的伤亡事故。

2. 事故分析

（1）随着杀菌器内蒸汽温度的升高，从锯末中产生树脂，与锯末一起粘在安全阀的阀座周围，使安全阀失灵，因而使内部压力超过最高使用压力。根据自动温度记录仪的记录，事故发生时杀菌器内的温度已升至 150℃以上（记录限度为 150℃），所以判断当时内部压力已超过 0.5MPa。

（2）由于业主在喷嘴燃烧状态下外出，所以不能按所定的温度来调整燃烧。

习　题

一、选择题

1. 燃烧的三个条件是（　　　）。
   A. 可燃性的物质和点火源　　　　B. 助燃性物质　　　　C. A 和 B
2. 可燃液体在泄漏的过程中，如何防止静电的产生。（　　　）
   A. 增加液体的流速　　　　B. 增加内部压力　　　　C. 降低液体的流速
3. 以下所列的哪些是特种设备。（　　　）
   A. 压力容器（含气瓶）　　　　B. 化工生产储存罐　　　　C. 机动车辆
4. 装运化学物品的运输车辆应安装（　　　）才应符合安全要求。（　　　）
   A. 静电疏导接电体　　　　B. 消防灭火器
5. 危险化学品货场、仓库内的电气设备、线路必须按（　　　）。
   A. 国家现行有关技术规范进行安装　　B. 自己可以设计安装

二、判断题

1. 燃烧产物是指有燃烧或热解作用而产生的全部物质。　　　　　　　　　　　　（　　　）
2. 发生机械伤害事故的主要原因是员工违反安全操作规程或者由于失误产生不安全行

为，没有穿戴防护用品。　　　　　　　　　　　　　　　　　　　　　（　　）

3.坠落事故是指在作业中，人、吊具、吊载的重物从空中坠落所造成的人身伤亡或设备损坏事故。　　　　　　　　　　　　　　　　　　　　　　　　　　（　　）

4.防止火灾、爆炸事故，必须坚持"预防为主、防治结合"的方针。　（　　）

5.如果是电器着火，则要迅速扑灭火灾，再去切断电源。　　　　　（　　）

三、简答题

1.在国家技术标准《火灾分类》（GB 4968—85）中，根据物质燃烧特性将火灾分为哪几类？

2.爆炸具有哪些特征？

3.预防机械伤害事故的主要措施有哪些？

4.压力容器常见事故有哪些？如何加强防范？

第四章 电气安全技术

学习目标:

1. 了解常见电气事故及危害。
2. 熟悉绝缘、屏护、安全电压、接地和静电概念。
3. 了解电气火灾和爆炸原因、静电危害与防护。
4. 掌握电流对人体伤害知识。

第一节 概 述

电能具有清洁、便捷、易输送、高效率之特点,因而应用极其广泛,各行各业,各种生产、生活领域无不与用电紧密联系。我国电力事业的发展速度每十年翻一番,远高于经济发展的速度,电的应用,还有持续上升的趋势。一方面,用电安全水平随着生产和科学技术的发展不断提高;另一方面,电气事故的多发与严重性引起人们的高度关注。据统计,我国县以上工矿企业单位的触电死亡人数在各类工伤事故中的比例已经超过10%,电气火灾有上升趋势,已超过火灾总数的20%,造成经济损失所占的比例更高。主要表现在管理方面的电气安全问题,需要我们努力去解决。我们必须不断完善电气安全标准、规范、规程,增强专业人员素质,对当前存在的各种各样问题予以重视,逐步解决。为了贯彻以人为本的方针,提高电气安全管理水平,在切实抓好传统管理、严格执行规章制度的同时,研究和开发新技术、采用新标准和引进系统工程方法,也是一个重要方面。

一、工业企业供配电

工业企业单位都从电网取得高压电,降压后供给各种电气设备使用。工业企业常见的供电方式是把进线电压35kV经总变电站降低为10kV分送到各车间,再经车间变电站降低为0.4kV送往配电箱或用电设备。

工业企业进线电压除决定于企业负荷的大小、受电距离外,还与所在地区电力网条件、用户负荷特征等因素有关。为了安全和便于管理,企业电压等级宜少不宜多。一般情况为低压配电(1000V以下)。

变配电站按照电压高低,分为高压变配电站、高压配电站和低压配电站;按照有无变压器,分为变配电站和配电站;按照配电装置的位置,分为室外变配电站和室内变配电站等。

变配电站内,既有高压设备,又有低压设备,各种配电设备多而且密集度高。高压比低压触电的危险性大,高压开关设备动作时产生强烈的电弧,变压器、电容器、断路器、电压互感器、避雷器等高压设备有爆炸危险,高压错误操作或高压设备故障可能导致极为严重的后果,加之变配电站是企、事业单位的动力枢纽,因而变配电站的工作有较大的风险性。

如何保持变配电的安全,应做到以下几点。

(1)保持电气设备正常运行 主要包括观察电流、电压、功率因数、油量、油色、温度指示、接点状态等是否正常;观察设备和线路有无损坏、是否严重脏污以及观察门窗、围栏等辅助设施是否完好；听到的声音是否正常，注意有无放电声等异常声响；闻有无焦煳味及其他异常气味等。

（2）间距合格，屏护完好 变、配电站应与有爆炸、火灾危险的建筑物或设施保持规定的安全距离。不论是户内的还是户外的变、配电装置，一般都有很多裸露的带电体。为了防止弧光短路和触电事故，应保持必要的间距，并装设屏障和遮栏。安装在车间内或公共场所的变、配电装置宜采用保护式结构；如果是开敞式结构，在户内的应装设遮栏或栅栏，室外的应设置围墙或栅栏。上述围墙、围栏、遮栏、屏障以及变、配电站各室的门窗、通风孔的小动物栏网、开关柜的门等屏护装置均应保持完好。

（3）通风良好 蓄电池室有可燃气体产生，必须有良好的通风；变压器室、电容器室等有较多热量排放，必须有良好的自然通风，必要时采取强迫通风。进风口均宜在下方，出风口均宜在上方。

（4）安全用具和灭火器材齐全完好 变、配电站应备有绝缘杆、绝缘靴、绝缘手套、绝缘垫、绝缘站台、临时接地线、临时遮栏、验电器、各种标示牌、安全带、脚扣等安全用具。变、配电站应配备可用于带电灭火的灭火器材，如二氧化碳灭火器、干粉灭火器、黄沙等。

（5）严格管理 变、配电站应做好防火、防水、防漏、防雪、防小动物、防污以及防护各种有害因素的安全措施。变、配电站应建立和执行停、送电作业及检修、值班、巡视、消防等规章制度。

二、常见电气事故及危害

（1）触电事故 触电又称电击，是电流通过人体而引起的病理、生理效应。当电流转换成其他形式的能量（如热能）作用于人体时，人体将受到不同形式、不同程度的伤害。

（2）静电危害事故 当两个物体相互紧密接触或分离时，造成两物体各自正、负电荷过剩，形成静电带电。在生产过程中，某些材料的相对运动、接触与分离很容易产生静电。产生的静电能量一般不大，不会对人体造成直接伤害，但其放电过程中电压可能高达数十千伏以上，容易产生火花，引发火灾或爆炸。

（3）雷电灾害事故 雷电是大气中的放电现象，具有电流大、电压高的特点，有较大的破坏力，可引起火灾、爆炸及直接造成人体伤害。

（4）电气系统故障事故 电能在输送、分配、转换过程中，失去有效控制而产生的事故，如断线、短路、异常接地、漏电、设备或元器件损坏、干扰、误操作等。电气系统故障可引发火灾、爆炸、异常带电、停电、人员伤亡及设施设备损失。

三、电气事故特点

其一、由于人体很难直接感知电的存在，所以电气事故危险识别难，不易被人们察觉。电气事故的发生往往隐蔽性强，突然暴发，令人防不胜防。

其二、电气事故涉及的领域广泛，遍布每一个行业、每一个领域，电气事故的预防工作带有普遍性。

第二节 电 气 安 全

触电事故具有突发性和隐蔽性，但也具有一定的规律性。在实践的基础上，不断研究其规律性，采取相应的防护措施，可以有效地预防触电事故的发生。合理选用电气装置是减少触电危险和火灾爆炸危害的重要措施，在干燥少尘的环境中，可采用开启式或封闭式电气设备；在潮湿和多尘的环境中，应采用封闭式电气设备；在腐蚀性气体的环境中，必须采用封闭式电气设备；在易燃易爆的环境中，必须采用防爆式电气设备。

一、屏蔽和障碍防护

某些开启式开关电器的活动部分不便绝缘，或高压设备的绝缘不能保证人在接近时的安全，应设立屏蔽或障碍防护措施。

将带电部分用遮栏或外壳与外界完全隔开，以避免人们从经常接近的方向或任何方向直接触及带电部分。

设置阻挡物用于防止无意的直接接触，如在生产现场采用板状、网状、筛状阻挡物。由于阻挡物的防护功能有限，因此在采用时应附设警告信号灯、警告信号标志等。必要时可设置声、光报警信号及联锁保护装置。

二、绝缘防护

用绝缘材料将带电部分全部包裹起来，防止在正常工作条件下与带电部分的任何接触，所采取的绝缘保护应根据所处环境和应用条件，对绝缘材料规定绝缘性能参数，其中绝缘电阻、泄漏电流、介电强度是最主要的参数。常见的绝缘材料有瓷、云母、橡胶、塑料、棉布、纸、矿物油等。电气设备的绝缘性能由绝缘材料和工作环境决定，其指标为绝缘电阻，绝缘电阻越大，则电气设备泄漏的电流越小，绝缘性能越好。

除设备的绝缘防护外，工作人员应根据需要配备相应的绝缘防护用品，如绝缘手套、绝缘鞋、绝缘垫等。

三、漏电保护

漏电保护器是一种在设备及线路漏电时，保证人身和设备安全的装置，其作用在于防止由于漏电引起的人身伤害，同时可防止由于漏电引起的设备火灾。通常用在故障情况下的触电保护，但可作为直接触电防护的补充措施，以便在其他直接防护措施失败或操作者疏忽时实行直接触电防护。

原劳动部《漏电保护器安全监察规定》和国家标准《漏电保护器安装和运行》（GB 13955—92）要求，在电源中性直接接地的保护系统中，在规定的场所、设备范围内必须安装漏电保护器和实现漏电保护器的分级保护。对一旦发生漏电切断电源时，会造成事故和重大经济损失的装置和场所，应安装报警式漏电保护器。

四、安全间距

为了防止人体、车辆触及或接近带电体造成事故，防止过电压放电和各种短路事故，国家规定了各种安全间距。大致可分为四种：各种线路的安全距离、变配电设备的安全距离、各种用电设备的安全距离、检修维修时的安全距离。为了防止各种电气事故的发生，带电体与地面之间、带电体与带电体之间、带电体与人体之间、带电体与其他设施设备之间，均应保持安全距离。

导线路的架设高度应符合表 4-1 的规定，导线与建筑物的距离应符合表 4-2 的规定，导线与树木的距离应符合表 4-3 的规定。

表 4-1　导线与地面或水面的最小距离　　　　　单位：m

线路经过地区	线路电压/kV		
	≤1	10	35
居民区	6	6.5	7
非居民区	5	5.5	6
交通困难地区	4	4.5	5
不能通航或浮运的河、湖（冬季水面）	5	5	5.5
不能通航或浮运的河、湖（50年一遇洪水水面）	3	3	3

表 4-2　导线与建筑物的最小距离　　　　　单位：m

线路电压/kV	≤1	10	35
垂直距离/m	2.5	3.0	4.0
水平距离/m	1.0	1.5	3.0

表 4-3　导线与树木的最小距离　　　　　单位：m

线路电压/kV	≤1	10	35
垂直距离/m	1.0	1.5	3.0
水平距离/m	1.0	2.0	—

厂区内起重作业时起重臂可能会触及架空线，导致起重作业区内形成跨步电压，严重威胁作业人员安全。因此在架空线附近进行起重作业，应严格管理，起重机具及重物与线路导线的最小距离应符合表 4-4 的规定。

表 4-4　导线与起重机具的最小距离　　　　　单位：m

线路电压/kV	≤1	10	35
距离/m	1.5	2.0	4.0

五、安全电压

安全电压是制定安全措施的依据，是按人体允许承受的电流和人体电阻值的乘积确定的。一般情况下视摆脱电流 10mA（交流）为人体允许电流，但在电击可能造成严重二次事故的场合，如水中或高空，允许电流应按不引起人体强烈痉挛的 5mA 来考虑。人体电阻一般在 1000~2000Ω 之间，但在潮湿、多汗、多粉尘的情况下，人体电阻只有数百欧姆。因此，当电气设备需要采用安全电压来防止触电事故时，应根据使用环境、人员和使用方式等因素选用不同等级的安全电压。

安全电压的等级为 42V、36V、24V、12V 和 6V。

国内过去多采用 36V、12V 两种等级的安全电压。手提灯、危险环境的携带式电动工具和局部照明灯，高度不足 2.5m 的一般照明灯，如无特殊安全结构或安全措施，宜采用 36V 安全电压。凡工作地狭窄、行动不便以及周围有大面积接地导体的环境（如金属容器、管道内）的手提照明灯，应采用 12V。

安全电压应由隔离变压器供电，使输入与输出电路隔离；安全电压电路必须与其他电气系统和任何无关的可导电部分实现电气上的隔离。

六、保护接地与接零

保护接地是把用电设备在故障情况下可能出现的危险的金属部分（如外壳等）用导线与接地体连接起来，使用电设备与大地紧密连通。在电源为三相三线制的中性点不直接接地或单相制的电力系统中，应设保护接地线。

保护接零是把电气设备在正常情况下不带电的金属部分（外壳），用导线与低压电网的零线（中性线）连接起来。在电压为三相四线制的变压器中性点直接接地的电力系统中，应采用保护接零。

第三节　电气防火防爆

一、火灾爆炸危险场所电气安全

1. 火灾爆炸危险场所

电气系统正常工作或发生故障可能产生电火花、电弧和发热，在一定的外部环境和危险物料条件下，容易发生火灾爆炸危险事故。火灾爆炸危险分为三类，即气体爆炸、粉尘爆炸及火灾危险。要预防火灾爆炸事故的发生，首先要识别火灾爆炸危险场所。对于火灾爆炸危险场所的分析判断，首先应识别危险物料，然后考虑释放源及其布置，再分析释放源的性质以及通风条件，综合分析危险场所的危险等级，采取相应的安全技术措施，选择适合的防爆电气设备。

（1）危险物料　首先应识别危险物料的种类，其次考虑危险物料的理化性质。如物料的闪点、密度、引燃温度、爆炸极限等，以及该物料工作温度、工作压力、数量及与其他物料的组合等因素。

（2）释放源　考虑该物质释放源的分布和工作状态，关注泄漏或排放危险物品的速度、量及浓度，尤其应注意物料的扩散情况和形成爆炸性混合物的范围。

（3）通风　室内一般视为阻碍通风场所，如安装了有效的通风设备，则不视为阻碍通风场所。但是，地处室外的危险源周围如有障碍，则应视为阻碍通风场所。

2. 防爆电气设备

合理选用电气装置是减少触电危险和火灾爆炸危害的重要措施。选择电气设备时主要根据危险场所的具体情况，在干燥少尘的环境中，可采用开启式或封闭式电气设备；在潮湿和多尘的环境中，应采用封闭式电气设备；在腐蚀性气体的环境中，必须采用封闭式电气设备；在易燃易爆危险场所中，必须采用防爆式电气设备。

（1）防爆电气设备分类　防爆电气设备是能在爆炸危险场所中安全使用而不会引起燃爆事故的特种电气设备。常用的电器（包括电机、照明灯具、开关、断路器、仪器仪表、通信设备、控制设备等）均可制成防爆型的产品。我国将防爆设备分为三类：Ⅰ类防爆电气设备适用于煤矿井下；Ⅱ类防爆电气设备适用于爆炸性气体环境；Ⅲ类防爆电气设备适用于爆炸性粉尘环境。而石油化工企业所用的防爆电气设备多为Ⅱ类防爆电气设备。

（2）防爆电气的安全技术要求

① 在爆炸危险场所运行时，具备不引燃爆炸物质的性能。

② 必须经国家认可的检验单位检验合格，并取得防爆合格证。

③ 铭牌、标志齐全。应设置标明防爆检验合格证号和防爆标志铭牌,在明显部位应有永久性防爆标志"EX"。

④ 在爆炸危险环境里,选用防爆电气的允许最高表面温度不得超过作业场所爆炸危险物质的引燃温度。

二、电气防火防爆技术

1. 电气火灾爆炸原因

(1) 电气设备过热

① 短路。不同相的相线之间、相线与零线之间造成金属性接触即为短路。发生短路时,线路中电流增加为正常值的几倍乃至几十倍,温度急剧升高,引起绝缘材料燃烧而发生火灾。

② 过载。电气线路或设备上所通过的电流值超过其允许的额定值即为过载。过载可以引起绝缘材料不断升温直至燃烧,烧毁电气设备或酿成火灾。

③ 接触不良。电气设备或线路上常有连接部件或接触部件。连接部件多用焊接或螺栓连接,当用螺栓连接时,若螺栓生锈松动,则连接部分接触电阻增加而导致接头过热。接触部件多为触头、接点,多靠磁力或弹簧压力接触,接触不好同样发热。

④ 铁芯发热。电气设备的铁芯,由于磁滞和涡流损耗而发热。正常时,其发热量不足以引起高温。当设计不合理、铁芯绝缘损坏时,则铁损增加,同样会产生高温。

⑤ 散热不良。电气设备温升不只是和发热量有关,也和散热条件好坏有关。如果电气设备散热措施受到破坏,同样会造成设备过热。如电机缺少风叶、油浸设备缺油等。

(2) 电火花和电弧

① 电火花电弧是电极间的击穿放电。电弧是大量的电火花汇集而成的。一般电火花温度都很高,特别是电弧,温度可达 6000℃。因此电火花和电弧不但能引起绝缘材料燃烧,而且可以引起金属熔化、飞溅,构成火灾、爆炸的危险火源。

② 电火花可分为工作火花和事故火花。工作火花是指电气设备正常工作时或正常操作过程中产生的火花。如直流电机电刷与整流片接触处、开关或接触器触头开合时的火花等。

事故火花是线路或设备发生故障时出现的火花。如发生短路或接地时产生的火花、绝缘损坏或保险丝熔断时出现的闪络放电等。

2. 电气火灾爆炸的预防

(1) 合理选用电气设备　在易燃易爆场所必须选用防爆电器。防爆电器在运行过程中具备不引爆周围爆炸性混合物的性能。防爆电器有各种类型和等级,应根据场所的危险性和不同的易燃易爆介质正确选用合适的防爆电器。

(2) 保持防火间距　电气火灾是由电火花或电器过热引燃周围易燃物形成的,电器安装的位置应适当避开易燃物。在电焊作业的周围以及天车滑触线的下方不应堆放易燃物。使用电热器具、灯具要防止烤燃周围易燃物。

(3) 保持电器、线路正常运行　保持电器、线路正常运行主要指保持电器和线路的电压、电流、温升不超过允许值,保持足够的绝缘强度,保持连接或接触良好。这样可以避免事故火花和危险温度的出现,消除引起电气火灾的根源。

(4) 电气灭火器材的选用　电气火灾有两个特点:一是着火电气设备可能带电;二是有些电气设备充有大量的油,可能发生喷油或爆炸,造成火焰蔓延。

带电灭火不可使用普通直流水枪和泡沫灭火器,以防扑救人员触电。应使用二氧化碳、七氟丙烷及干粉灭火器等。带电灭火一般只能在 10kV 及以下的电器设备上进行。

电机着火时，可用喷雾水灭火，使其均匀冷却，以防轴承和轴变形，也可用二氧化碳、七氟丙烷等灭火，但不宜用干粉、砂子、泥土灭火，以免损坏电机。

变压器等电器发生喷油燃烧时，除切断电源外，有事故储油坑的应设法将油导入储油坑，坑内和地上的燃油可用泡沫扑灭，要防止燃油流入电缆沟并蔓延，电缆沟内的燃油亦只能用泡沫覆盖扑灭。

第四节　静电防护

在工业生产中，产生静电现象较为普遍，人们一方面利用静电进行某些生产活动，如利用静电进行除尘、喷漆、植绒、选矿和复印等，另一方面是防止静电给生产和人身带来危害。

一、静电的产生

1. 静电原理

静电简单地说是对观测者而言处于相对静止的电荷。当两个物体相互紧密接触时，在接触面产生电子转移，而分离时造成两物体各自正、负电荷过剩，由此形成了两物体带静电。两种不同的物质相互之间接触和分离后带的电荷的极性与各种物质的逸出功有关。所谓逸出功是使电子脱离原来的物质表面所需要做的功。两物体相接触，甲的逸出功比乙的逸出功大，则甲对电子的吸引力强于乙，电子就会从乙转移到甲，于是逸出功较小一方失去电子带正电，而逸出功大的一方就获得电子带负电。如果带电体电阻率高，导电性能差，则该项物体中的电子移动困难，静电荷易于积聚。

产生静电的因素有许多种，而且往往是多种因素综合作用。除两物体直接接触、分离起电外，带电微粒附着到绝缘固体上，使之带静电；感应起电；固定的金属与流动的液体之间会出现电解起电；固体材料在机械力作用下产生压电效应；流体、粉末喷出时，与喷口剧烈摩擦而产生喷出带电等。

2. 物体电阻率

物体上产生了静电，能否积聚起来主要取决于电阻率。静电导体难于积聚静电，而静电非导体在其上能积聚足够的静电而引起各种静电现象。

一般汽油、苯、乙醚等物质的电阻率在 $10^{10} \sim 10^{13} \Omega \cdot m$ 之间，它们容易积聚静电。金属的电阻率很小，电子运动快，所以两种金属分离后，显不出静电。

水是静电良导体，但当少量的水混杂在绝缘的液体中，因水滴液晶相对流动时要产生静电，反而使液晶静电量增多。金属是良导体，但当它被悬空后就和绝缘体一样，也会带上静电。

3. 静电种类

（1）固体静电　固体物质大面积的摩擦，如纸张与辊轴、橡胶或塑料碾制、传动皮带与皮带轮或传送皮带与导轮摩擦等；固体物质在压力下接触而后分离，如塑料压制、上光等；固体物质在挤出过滤时与管道、过滤器等发生的摩擦，如塑料、橡胶的挤出等；固体物质的粉碎、研磨和搅拌过程中其他一些类似的工艺过程均可能产生静电。

（2）粉体静电　粉体是固体的一种特殊形态，与整块固体相比，粉体具有分散性和悬浮状态的特点。由于它的分散性表面积增加使得更容易产生静电。粉体的悬浮性又使得铝粉、镁粉等金属粉体通过空气与地绝缘，也能产生和积聚静电，因此粉体比一般固体有着更大的静电危险性。粉体静电与粉体材料性质、输送管道、搅拌器或料槽材料性质、粉体的颗粒大小和表面几何特征、工艺输送速度、运动时间长短、载荷量等有关。

（3）液体静电 液体在输送、喷射、混合、搅拌、过滤、灌注、剧烈晃动过程中，会产生带电现象。如在石油炼化企业中，从原油的储运、半成品、成品油的加工过程中，都需反复的加温、加压、喷射、输送、灌注运输等过程，都会产生大量的静电，有时达到数千至数万伏，一旦放电可造成非常严重的后果。液体的带电与液体的电阻率（电导率）、液体所含杂质、管道材料和管道内壁情况、注液管、容器的几何形状、过滤器的规格与安装位置、流速和管径等有关。

（4）气体（蒸汽）静电 纯净的气体在通常条件下不会引起静电，但由于气体中往往含有悬浮液体微粒或灰尘等固体颗粒，当高压喷出时相互间摩擦、分离、能产生较强的静电，如二氧化碳气由钢瓶喷出时静电可达 8kV。

气体静电与气体的性质、喷出速度、管径及材质、固体或液体微粒的性质及几何形态、压力、密度、温度等有关。

（5）人体静电 通常情况下，人体电阻在数百欧姆至数千欧姆之间，可以说人体是一个静电导体。当人们穿着一般的鞋袜、衣服时，在干燥环境中人体就成了绝缘导体。当人进行各种活动时，由于衣服之间、皮肤与衣服、鞋与地面、衣服与接触的各种介质间发生摩擦，可产生几千伏甚至上万伏的静电。如在相对湿度 39% 的情况下，人体从铺有 PVC 薄膜的软椅上突然起立时人体电位可达 18kV。

人体在静电场中也会感应起电，如果人体与地绝缘，就成为独立的带电体。如果空间存在带电颗粒，人们在此环境中可产生吸附带电。人体静电的极性和数值受人们所处的环境的温湿度、所穿的内外衣的材质、鞋、袜、地面、运动速度、人体对地电容等因素影响。

二、静电的危害

静电放电是带电体周围的场强超过周围介质的绝缘击穿场强时，因介质电离而使带电体上的电荷部分或全部消失的现象。其静电能量变为热量、声音、光、电磁波等而消耗，这种放电能量较大时，就会成为火灾、爆炸的点火源。

1. 爆炸和火灾

在有可燃液体的作业场所（如油料装运等），可能由静电火花引起火灾；在有气体、蒸汽爆炸性混合物或有粉尘纤维爆炸性混合物的场所，如氧、乙炔、煤粉、铝粉、面粉等，可能由静电引发爆炸，这是静电危险最严重的情况。

2. 电击

当带静电的人体接近接地体时，都可能产生静电电击。虽然静电的电击能量较小，不足以直接伤害人体，但可能导致坠落、摔倒等，造成第二次事故，还可引起精神紧张，有碍正常工作。

3. 影响生产

静电的存在，可能干扰正常的生产过程，损坏设备，降低产品质量。如静电使粉尘吸附在设备上，影响粉尘的过滤和输送，降低设备的寿命；静电放电能引起计算机、自动控制设备的故障或误动，造成各种损失。

三、静电控制技术

1. 防静电的主要场所

静电的主要危险是引起火灾和爆炸，因此，静电可能引起安全事故的场所必须采取防静电措施。

（1）生产、使用、储存、输送、装卸易燃易爆物品的生产装置。

（2）产生可燃性粉尘的生产装置、干式集尘装置以及装卸料场所。

（3）易燃气体、易燃液体槽车和船的装卸场所。

（4）有静电电击危险的场所。

2. 静电控制措施

（1）工艺控制法　工艺控制法就是从工艺流程、设备结构、材料选择和操作管理等方面采取措施限制静电的产生或控制静电的积累，使之不能达到危险的程度。具体方法有：限制输送速度；对静电的产生区和逸散区采取不同的防静电措施，正确选择设备和材料；合理安排物料的投入顺序；消除产生静电的附加源，如液流的喷溅、冲击、粉尘在料斗内的冲击等。

增加空气湿度的主要作用是降低绝缘体的表面电阻率，从而便于绝缘体通过自身泄放静电。因此，如工艺条件许可，可增加室内空气的相对湿度至50％以上。

（2）泄漏导走法　泄漏导走法即是将静电接地，使之与大地连接，消除导体上的静电。这是消除静电最基本的方法。可以利用工艺手段对空气增湿、添加抗静电剂，使带电体的电阻率下降或规定静置时间和缓冲时间等，使所带的静电荷得以通过接地系统导入大地。

常用的静电接地连接方式有静电跨接、直接接地、间接接地等三种。静电跨接是将两个以上、没有电气连接的金属导体进行电气上的连接，使相互之间大致处于相同的静电电位。直接接地是将金属体与大地进行电气上的连接，使金属体的静电电位接近于大地，简称接地。间接接地是将非金属全部或局部表面与接地的金属相连，从而获得接地的条件。一般情况下，金属导体应采用静电跨接和直接接地。在必要的情况下，为防止导走静电时电流过大，需在放电回路中串接限流电阻。

所有金属装置、设备、管道、储罐等都必须接地。不允许有与地相绝缘的金属设备或金属零部件。各专设的静电接地端子电阻不应大于100Ω。

不宜采用非金属管输送易燃液体。如必须采用，应采用可导电的管子或内设金属丝、网的管子，并将金属丝、网的一端可靠接地或采用静电屏蔽。

加油站管道与管道之间，如用金属法兰连接，可不另接跨接线，但必须有五个以上螺栓可靠连接。

平时不能接地的汽车槽车和槽船在装卸易燃液体时，必须在预设地点按操作规程的要求接地，所用接地材料必须在撞击时不会发生火花。装卸完毕后，必须按规定待物料静置一定时间后，才能拆除接地线。

（3）静电中和法　静电中和法是利用静电消除器产生的消除静电所必需的离子来对异性电荷进行中和。非导体，如橡胶、胶片、塑料薄膜、纸张等在生产过程中产生的静电，应采用静电消除器消除。

3. 人体防静电措施

人体带电除了能使人遭到电击和影响安全生产外，还能在精密仪器或电子器件生产中造成质量事故。

（1）人体接地　在人体必须接地的场所，工作人员应随时用手接触接地棒，以清除人体所带的静电。在重点防火防爆岗位场所的入口处、外侧，应有裸露的金属接地物，如采用接地的金属门、扶手、支架等。属 0 区或 1 区的爆炸危险场所，且可燃物的最小点燃能量在 0.25mJ 以下时，工作人员应穿防静电鞋、工作服。禁止在爆炸危险场所穿脱衣服、鞋帽。

（2）工作地面导电化 特殊场所的地面，应是导电性或具备导电条件。这个要求可通过洒水或铺设导电地板来实现。

（3）安全操作 工作中应尽量不进行可使人体带电的活动，如接近或接触带电体；操作应有条不紊，避免急骤性动作；在有静电危险的场所，不得携带与工作无关的金属物品，如钥匙、硬币、手表等；合理使用规定的劳动保护用品和工具，不准使用化纤材料制作的拖布或抹布擦洗物体或地面。

第五节 电流对人体的伤害

一、人体受电流伤害的表现及影响因素

1. 电流伤害的表现

① 轻度触电，产生针刺、压迫感，出现头晕、心悸、面色苍白、惊慌、肢体软弱、全身乏力等；

② 较重者有打击感、疼痛、抽搐、昏迷、休克伴随心律不齐、迅速转入心搏、呼吸停止的"假死"状态；

③ 小电流引起心室颤动是最致命的危险，可造成死亡；

④ 皮肤通电的局部会造成电灼伤；

⑤ 触电后遗症：中枢神经受损害，导致失明、耳聋、精神失常、肢体瘫痪等。

2. 影响因素

电流通过人体，由于强度大小和时间长短不同，可引起不同程度的伤害。通过人体的电流越大、时间越长对人体的伤害程度就越大。另外，电流的种类与频率高低、电流的途径及触电者身体健康状况都会对伤害程度产生影响。

二、影响人体的电流分级

对于工频交流电，按照通过人体的电流大小不同、人体呈现不同的状态，可将电流分为三级。

（1）感知电流 引起人的感觉的最小电流称感知电流。成年男性平均感知电流有效值约为 1.1mA；成年女性约为 0.7mA。

（2）摆脱电流 人触电后能自行摆脱电源的最大电流称为摆脱电流。一般男性的最小摆脱电流为 9mA，成年女性最小摆脱电流为 6mA（摆脱概率 99.5%）；男性平均摆脱电流为 16mA，女性平均为 10.5mA（摆脱概率 50%），儿童的摆脱电流较成年人小。

摆脱电流是人体可以忍受而一般不会造成危险的电流。若通过人体电流超过摆脱电流且时间过长会造成昏迷、窒息，甚至死亡。因此，摆脱电源的能力随着触电时间的延长而降低。

（3）致命电流 在较短时间内危及生命的电流称为致命电流。电击致死的主要原因，大都是电流引起心室颤动造成的。电流达到 50mA 以上，就会引起心室颤动，有生命危险，

100mA 以上的电流，则足以致人于死地。

在装有防止触电速断保护装置的场合，人体允许电流可按 30mA 考虑，但并不是指高空、水面等有可能造成二次事故的场合，也不是人体长时间能够承受的电流。

不同电流对人体的影响见表 4-5。

表 4-5　不同电流对人体的影响

电流/mA	工频电流		直流电流
	通电时间	人体反应	人体反应
0～0.5	连续通电	无感觉	无感觉
0.5～5	连续通电	有麻刺感、疼痛，无痉挛	无感觉
5～10	数分钟内	痉挛、剧痛，但可摆脱电源	针刺感、压迫感及灼热感
10～30	数分钟内	迅速麻痹、呼吸困难、血压升高，不能摆脱电源	压痛、刺痛、灼热强烈，有抽搐
30～50	数秒～数分	心跳不规则、昏迷、强烈痉挛，时间过长引起心室开始颤动	感觉强烈，有剧痛痉挛
50～数百	低于心脏搏动周期	受强烈冲击，但未发生心室颤动	剧痛、强烈痉挛、呼吸困难或麻痹
	超过心脏搏动周期	昏迷，心室颤动，呼吸麻痹，心脏麻痹或停跳	

第六节　事故案例分析

一、电气安全事故

【案例】 1986 年 12 月 19 日，岳阳某石化厂氯丙烷车间，操作工按常规对 30m³ 的 1 号中间罐进行脱水作业。水排净后，阀门怎么也关不严，随即丙烯开始外溢。操作工立即报告班长、车间主任及厂调度室。上述人员先后赶到现场，研究决定串装一个阀门。正在分头准备时，丙烯已扩散至压缩机框架里，且慢慢升高，于是决定采取紧急停车处理。在最后停车时，丙烯气已淹没 6 号机 1.2m。按下开关的同时，火光一闪，一声闷响，发生了第一次空间爆炸。紧接着 3 号罐在大火的烘烤下也发生爆炸。一个小时后大火扑灭。

原因分析：发生易燃易爆物质泄漏，如扩散到非防爆场所，严禁启闭任何电气设备或设施。

二、静电安全事故

【案例一】 1993 年 3 月 13 日，江苏省某县化肥厂碳化车间清洗塔上一根测温套管与法兰连接处严重漏气（氢气）。车间上报领导后，厂领导为保证生产，要求在不停机、不减压的条件下采取临时堵漏措施，堵住泄漏处。操作工按领导要求冒险作业，用铁卡和橡胶板进行堵漏，但未成功。随后，厂领导再次要求堵漏，操作工再次冒险作业，用平板车的内胎皮包裹泄漏处。操作中，由于塔内压力较高，高速喷出的氢气与橡胶皮摩擦产生静电火花，突然起火。一名操作工当场烧死，另一名烧成重伤，后抢救无效死亡。

原因分析：事故的直接原因是高速喷出的氢气与橡胶皮摩擦产生静电火花而引起火灾。间接原因是厂领导违章指挥，抓生产而不顾安全；操作工没有采取有效的安全措施冒险作业。

【案例二】2003 年 7 月 22 日，广西某物资总公司桂林分公司一辆汽车槽车到铁路专线装卸 40 多吨甲苯。由于火车与汽车槽车有 4m 高的位差，装卸直接采用自流方式，用 4 条塑料管（两头套橡胶管）插入火车和汽车罐体，使甲苯从火车流入汽车罐体。在装第二车时，汽车司机和安全员到 20 多米远的站台上休息，一名装卸工因天热也离开汽车去喝水。此时，槽车靠近尾部的装卸孔突然发生爆炸起火，塑料管被爆炸冲击波抛出罐体外，甲苯喷洒一地，槽车附近一片火海。幸亏消防车 10min 内赶到，及时扑灭大火，火车槽车基本未受损，而汽车全部烧毁。

原因分析：事故的直接原因是装卸作业未按规定装设静电接地装置，使装卸产生的静电无法及时导出，造成静电积聚过高产生静电火花，引发事故。其次，高温作业未采取必要的安全措施，而当时气温超过 35℃，甲苯已挥发到相当浓度，极易引起爆炸。

三、雷电安全事故

【案例】某厂装置有 3 台甲醇罐，罐上安装了呼吸阀，旁边有一个检查口，呼吸阀每年进行例行检查。7 月末的一天上午，操作工正从槽车往罐里卸甲醇。突然，狂风大作，雷声隆隆，暴雨顷刻即至。操作工立即关闭阀门，停止卸车。但雷击仍在管线和罐区肆虐。突然，一个火球在中间的甲醇罐顶上闪过，罐顶立即着火，引发一场火灾。

原因分析：防直击雷装置不符合要求，排放有爆炸危险蒸气或粉尘的放散管、呼吸阀、排风管等，罐顶或其附近避雷针针尖宜高出罐顶 3m 以上，保护范围应高出罐顶 2m 以上。另外，呼吸阀也应与罐体进行跨接，使其良好接地。

习　题

一、选择题

1. 触电事故是由_____造成的。（　　　　）
　　A. 电压　　　　　　　　B. 电流的能量　　　　　　　　C. 电子
2. 如果触电者已经呼吸中断，心脏停止跳动，在现场可采取的急救措施是_____。（　　　）
　　A. 喝水　　　　　　　　B. 施行人工呼吸和胸外挤压　　　　　　　　C. 揉肚
3. 引起电气火灾和爆炸的最常见的原因是_____。（　　　）
　　A. 电流　　　　　　　　B. 电压　　　　　　C. 电流的热量和电火花或电弧
4. 静电危害的形式主要有三种，即静电放电、静电电击和静电吸附。其中_____是静电事故的最常见的原因。（　　　）
　　A. 静电吸附　　　　　　　　　　　　B. 静电电击
　　C. 静电吸附及静电电击　　　　　　　D. 静电放电
5. 国际规定，电压_____以下不必考虑防止电击的危险。（　　　）
　　A. 36V　　　　　　　　B. 65V　　　　　　　C. 25V
6. 触电事故为什么多发于二、三季度（6～9 月份）？（　　　　）
　　A. 工作量较大

  B. 工作人员心情浮躁、不小心

  C. 天气炎热、人体多汗以及多雨、潮湿、电气设备绝缘性能降低等

 7. 发生触电事故的危险电压一般是从_____ V 开始。（ ）

  A. 24V   B. 36V   C. 65V

 8. 雷电放电具有_____的特点。（ ）

  A. 电流大、电压高 B. 电流小、电压高 C. 电流大、电压低

 9. 静电电压可发生现场放电，产生静电火花，引起火灾，请问静电电压最高可达多少伏？（ ）

  A. 50V   B. 220V   C. 数万伏

 10. 为消除静电危害，可采取的有效措施是_____。（ ）

  A. 保护接零   B. 绝缘   C. 接地放电

 11. 防止触电事故通常采取绝缘、防护、_____等技术措施。（ ）

  A. 密闭   B. 连接   C. 隔离

 12. 装设避雷针、避雷线、避雷网、避雷带都是防护_____的主要措施。（ ）

  A. 雷电侵入波 B. 直击雷 C. 反击 D. 二次放电

 13. 屏护的作用是_____。（ ）

  A. 采用屏护装置控制不安全因素

  B. 保护电气 C. 防止触电

 14. 漏电保护器的使用是防止_____。（ ）

  A. 触电事故 B. 电压波动 C. 电荷超负荷

二、判断题

 1. 潮气、粉尘、高温、腐蚀性气体和蒸汽都会降低电气设备的绝缘，增加触电的危险。

                      （ ）

 2. 绝缘材料受潮后会使其绝缘性能降低。   （ ）

 3. 如果触电者伤势较重，必须等医生来急救，现场不能进行急救。（ ）

 4. 平均摆脱电流男性为 76mA，女性为 51mA，说明男性对触电伤害的承受力较女性大。

                      （ ）

 5. 由于低压电气设备电压较低，因此较少发生触电事故。（ ）

 6. 电器过载引起电气设备过热会导致火灾事故。   （ ）

 7. 绝缘老化变质，或受到高温、潮湿，或腐蚀的作用而失去绝缘能力，即可能引起短路事故。

                      （ ）

 8. 电流通过人体心脏的能量越大，对人体的危险性越大。（ ）

三、简答题

 1. 静电有哪些危害？

 2. 防止静电危害的措施有哪些？

 3. 触电伤害的主要形式有哪些？

 4. 雷电具有很大的破坏力，就其危害来说主要有哪些方面？

 5. 怎样判别火灾爆炸危险场所？

第五章 职业危害及预防

学习目标：

1. 掌握职业卫生、职业病的基本概念及职业危害因素。
2. 了解毒物及职业中毒。
3. 掌握粉尘、工业毒物以及物理因素引起的职业病危害及控制措施。

第一节 职业卫生

一、职业卫生

1. 职业卫生

职业卫生又称劳动卫生，是劳动保护的重要组成部分，也是预防医学中的一个专门学科。它主要是研究劳动条件对劳动者（及环境居民）健康的影响以及对职业危害因素进行识别、评价、控制和消除，以保护劳动者的健康为目的的一门学科。

2. 职业卫生的研究对象

① 研究和识别劳动生产过程中对劳动者及环境居民的健康产生不良影响的各种因素（职业危害因素），为改善劳动条件提出措施及卫生要求。

② 研究和确定职业病及与职业有关疾病的病因，提出诊断标准和防治对策。

③ 研究和制定职业卫生法律、法规及标准，并付诸实施。

3. 职业卫生的基本任务

改善生产职业活动中的劳动环境，控制和消除有害因素对人体的危害，防止职业病的发生，以达到保护劳动者身体健康，提高劳动生产效率，促进生产发展的目的。

二、职业危害因素

1. 概念

在生产环境和劳动过程中存在的可能危害劳动者健康的因素，称为职业危害因素（或称生产性有害因素）。

2. 职业危害因素的分类

按职业危害因素的不同来源可分为下列三类。

（1）环境因素

① 化学因素。指在生产中接触到的原料、中间产品、成品和生产过程中产生的废气、废水、废渣等。化学性有害因素分为毒物和生产性粉尘两大类。

② 物理因素。不良物理因素有：异常气象条件如高温、低温、高湿、高气压等；噪声、振动、电离辐射、非电离辐射等。

③ 生物因素。生物性有害因素主要是生产原料和作业环境中存在的致病微生物和寄生

虫，如炭疽杆菌、霉菌、真菌、病毒等。

（2）劳动过程中的有害因素

① 劳动组织、制度不合理、劳动作息制度不合理等。

② 精神紧张或个别系统、器官过度紧张，如视力紧张等。

③ 劳动强度过大或生产定额不当，安排的作业强度与劳动者生理状态不相适应等。

④ 长时间处于某种不良体位或使用不合理的工具等。

（3）生产环境中的有害因素

① 自然环境中的有害因素，如炎热季节强阳光辐射。

② 生产工艺要求的不良环境条件，如冷库或烘房中的异常温度。

③ 由不合理的生产过程所致环境污染。

三、职业病

1. 概念

《中华人民共和国职业病防治法》中规定，职业病是指企业、事业单位和个体经济组织（统称用人单位）的劳动者在职业活动中，因接触粉尘、放射性物质和其他有毒、有害物质等因素而引起的疾病。

2. 职业病的分类

目前，我国法定的职业病是由国务院卫生行政部门会同国务院劳动保障行政部门规定、调整公布的，共十大类，115 种。

尘肺 13 种，如矽肺、煤工尘肺、石棉肺、水泥工尘肺、电焊工尘肺等；

职业性放射性疾病 11 种，如外照射急性、亚急性、慢性放射病，放射性皮肤病；

职业中毒 56 种，如铅、苯、汞、锰、有机磷农药中毒等；

物理因素所致职业病 5 种，如中暑、高原病等；

生物因素所致职业病 3 种，如布氏杆菌病、森林脑炎等；

职业性皮肤病 8 种，如接触性皮炎、光敏性皮炎、电光性皮炎等；

职业性眼病 3 种，如职业性白内障、电光性眼炎等；

职业性耳鼻喉口腔疾病 3 种，如噪声聋、铬鼻病等；

职业性肿瘤 8 种，如苯所致的白血病、石棉所致的肺癌、间皮瘤等；

其他职业病 5 种，如职业性哮喘、棉尘病、煤矿井下工人滑囊炎等。

3. 职业病的特点

职业病是由于职业有害因素作用于人体的强度和时间超过一定限度，人体不能代偿而造成的功能性或器质性病理改变，从而出现相应的临床征象，影响劳动力。职业病具有五个特点。

① 病因明确。职业病都有明确的致病因素即职业有害因素，消除该有害因素后，可以完全控制职业病的发生。

② 发病具有接触反应关系，大多数病因是可以通过监测手段衡量的，接触和效应指标之间有明确的剂量-反应关系。

③ 发病具有聚集性。在不同的接触人群中，常有不同的发病群体。

④ 可以预防。如能早诊断，合理处理，愈后较好。

⑤ 大多数职业病目前尚缺乏特效治疗手段，因此保护职业人群的预防措施显得格外重要。

四、职业病的预防

在新建、扩建、改建厂房，或采用新工艺、使用新原料前，应认真考虑预防职业病的问题，认真做好卫生设计工作，对已投产的厂房应从以下措施着手。

（1）生产技术　大搞技术革新、工艺改造。这是预防职业病的重要途径，从根本上改善劳动条件，控制和消除某些职业性毒害；开展废气、废水和废渣的综合利用，变"三废"为"三宝"，不仅可回收化工原料，而且大大减少毒物的危害。

（2）技术措施　增加通风排气设备，对少数高毒物质，必须采取严格密闭，隔离式操作，以避免或减少直接接触。

（3）预防措施　建立劳动卫生职业病防治网。由各级领导负责，有关方面大力协作，建立一个专业防治机构以及劳动保护专职人员组成的防护网，开展职业病的防治工作。建立空气中毒物浓度测定制度。定期测定，以提供改进预防措施的依据。建立工作前体检、定期体检制度。定期体检的目的在于早期发现毒物对人体的影响，早期诊断，早期治疗。

（4）合理使用个人防护用品　使用个人防护用品是预防职业中毒的一种辅助措施，个人防护用品包括：防护服、口罩、面具、袖套、眼镜等。

五、职业卫生的三级预防原则

职业卫生属于预防医学的范畴，其工作应遵循预防医学的三级预防原则。

（1）一级预防　不接触职业危害因素的损害。采取措施改进生产工艺、生产过程及治理作业环境的职业危害因素，使劳动条件达到国家标准，创造对劳动者的健康没有危害的生产劳动环境。

（2）二级预防　在一级预防达不到要求，职业危害因素已经开始损及劳动者的健康的情况下，应尽早地发现职业危害作业点及职业病病症，对接触职业危害因素的职工进行定期身体检查，以便及早发现问题和病情，迅速采取补救措施。

（3）三级预防　对已患职业病者，正确诊断，及时处理，及时调离有害作业岗位，积极给予综合治疗和康复治疗，防止恶化和并发症，以恢复健康。

第二节　毒物与职业中毒

毒物是指在一定条件下以较小剂量进入生物体后，能与生物体之间发生化学作用并导致生物体器官组织功能和（或）形态结构损害性变化的物质。毒物可以是固体、液体和气体，与机体接触或进入机体后，能与机体相互作用，发生物理化学或生物化学反应，引起机体功能或器质性的损害，严重的甚至危及生命。

工业毒物（或称生产性毒物、职业性毒物）主要是指在工业生产过程中使用或产生的有毒物质。国际劳工组织（ILO）已列出1200多种有毒物质。

一、毒物分类

工业毒物以不同的物理形态分为以下几种。

（1）气体　在生产场所的温度、气压条件下，散发于空气中的氯、溴、氨、一氧化碳、甲烷等。

（2）蒸气　固体升华、液体蒸发时形成蒸气，如水银蒸气、苯蒸气等。

（3）雾　混悬于空气中的液体微粒，如喷洒农药和喷漆时所形成雾滴，镀铬和蓄电池充电时逸出的铬酸雾和硫酸雾等。

（4）烟　直径小于 $0.1\mu m$ 的悬浮于空气中的固体微粒，如熔铜时产生的氧化锌烟尘，熔镉时产生的氧化镉烟尘，电焊时产生的电焊烟尘等。

（5）气溶胶尘　悬浮于空气中的粉尘、烟和雾等微粒，统称为气溶胶。

生产性毒物无论以哪种形态存在，其产生来源则是多种多样的，进行调查时，应按生产工艺过程调查清楚。

二、毒物进入人体的途径

在生产过程中，毒物进入人体的途径，不仅决定了生产性毒物毒作用的靶器官（对某一器官损害最严重的），而且决定了该有毒化学物的毒作用特点。生产环境中，呼吸道是最主要的毒物进入途径，其次为皮肤，也可由消化道进入。

（1）呼吸道　生产性毒物经呼吸道由鼻咽部，气管、支气管到达肺部，由肺泡直接进入血液循环，毒作用发生快。

（2）皮肤　皮肤是身体最大的器官，在生产过程中毒物经皮肤吸收而引起中毒的事件也时有发生。毒物经皮吸收的途径有两种，一是通过表皮屏障到达真皮而进入血液循环；另一种是通过汗腺，或通过毛囊与皮脂腺，绕过表皮屏障到达真皮。脂溶性毒物可经皮肤吸收。

（3）消化道　毒物可经整个消化系统的黏膜层吸收。但生产性毒物经消化道进入体内而致职业中毒的事例甚少。个人卫生习惯不良及发生意外事故时可经消化道进入体内，特别是固体及粉末状毒物。

三、影响毒物对机体作用的因素

接触生产性毒物在一定程度内，机体不一定受到损害，即毒物导致机体中毒是有条件的，而中毒的程度与特点取决于诸多因素。

1. 毒物本身的特性

（1）化学结构　毒物的化学结构决定毒物在体内可能参与和干扰的生理生化过程，因而对决定毒物的毒性大小和毒性作用特点有很大影响。如有机化合物中的氢原子，被卤族元素取代，其毒性增强，取代的越多，毒性也就越大。无机化合物随着分子量的增加，其毒性也增强。

（2）物理特性　毒物的溶解度、分散度、挥发度等物理特性与毒物的毒性有密切的关系。如氧化铅分散度大，又易溶于血清，故较其他铅化物毒性大。乙二醇、氟乙酸胺毒性大但不易挥发，不易经呼吸道及皮肤吸入，但经消化道进入机体，可迅速引起中毒。

2. 毒物的浓度、剂量与接触时间

毒物的毒性作用与其剂量密切相关，空气中毒物浓度高、接触时间长，则进入体内的剂量大，发生中毒的概率高。因此，降低生产环境中毒物浓度，缩短接触时间，减少毒物进入体内的剂量是预防职业中毒的重要环节。

3. 毒物的联合作用

生产环境中常有同时存在多种毒物，两种或两种以上毒物对机体的相互作用称为联合作用。应用国家标准对生产环境进行卫生学评价时，必须考虑毒物的相加及相乘作用。此外，还应注意到生产性毒物与生活性毒物的联合作用，如酒精可增加苯胺、硝基苯的毒性作用。

4. 生产环境和劳动强度

生产环境中的物理因素与毒物的联合作用日益受到重视。在高温或低温环境中毒物的毒性作用比在常温条件下大，如高温环境可增强氯酚的毒害作用，亦可增加皮肤对硫、磷的吸收。紫外线、噪声和振动可增加某些毒物的毒害作用。体力劳动强度大时，机体的呼吸、循环加快，可加速毒物的吸收；重体力劳动时，机体耗氧量增加，使机体对导致缺氧的毒物更为敏感。

5. 个体状态

接触同一剂量的毒物，不同的个体可出现迥然不同的反应。造成这种差别的因素很多，如健康状况、年龄、性别、生理变化、营养和免疫状况等。肝、肾病患者，由于其解毒、排泄功能受损，易发生中毒；未成年人，由于各器官，系统的发育及功能不够成熟，对某些毒物的敏感性可能增高；在怀孕期，铅、汞等毒物可由母体进入胎儿体内，影响胎儿的正常发育或导致流产、早产；免疫功能降低或营养不良，对某些毒物的抵抗能力减低等。

四、职业中毒

在生产劳动过程和职业过程活动当中，由于接触生产性毒物所引起的中毒，称为职业中毒。

1. 职业中毒的表现形式

生产性毒物可引起职业中毒，职业中毒按发病过程可分为以下几种。

（1）急性中毒 由毒物一次或短时间内大量进入人体所致。多数由生产事故或违反操作规程所引起。

（2）慢性中毒 慢性中毒指长期小量毒物进入机体所致。绝大多数是由蓄积作用的毒物引起的。

（3）亚急性中毒 亚急性中毒介于以上两者之间，在短时间内有较大量毒物进入人体所产生的中毒现象。

2. 职业中毒的临床表现

职业中毒按主要受损系统而有以下多种不同的表现。

（1）神经系统

① 神经衰弱症。几乎所有生产性毒物引起的早期中毒症状，都是中枢神经系统及植物神经系统功能失调。主要表现为虚弱无力、记忆减退、注意力不易集中、白天嗜睡、晚间失眠、头部沉重感、疼痛，有时发生眩晕等。

② 多发性神经炎。主要损害部位为周围神经系统，早期表现为感觉障碍，病人常诉说肢端麻木，或呈"手套"、"袜子"型感觉紊乱（溶剂、铅中毒）。有些表现为运动神经障碍，如伸肌无力、握力减退等（铅中毒）。也有呈混合型的，表现为乏力、疼痛及感觉异常（二氧化碳中毒）。

③ 中毒性脑病。为严重急性中毒，由于缺氧或代谢障碍，加上毛细血管壁渗透性增加，可早期产生脑水肿（有机锡等中毒），出现颅内压增高症状，如剧烈头痛、恶心、呕吐、出汗、缓脉（60 次/min 以下），以至抽筋、昏迷等。

（2）血液系统

① 血细胞减少症。对造血及血液系统有损害的毒物都可引起血细胞减少症。其中以苯及放射性物质为主。早期或轻度引起白细胞或血小板减少，如不及时采取防治措施，少数病

例可继续发展，导致全血细胞减少。

② 血红蛋白变性。毒物引起的血红蛋白变性中，以高铁血红蛋白血症最为多见。由于高铁血红蛋白无带氧功能，使病人出现皮肤和黏膜青紫及明显的缺氧症状。如硝基及氨基苯中毒。

③ 溶血性贫血。血红蛋白变性可使红细胞易于破碎而产生溶血性贫血。有些毒物如砷化氢具有直接且强烈的溶血作用，急性中毒时，产生急性溶血，大量血红蛋白由尿排出，小便呈酱色，称血红蛋白尿。

（3）呼吸系统

① 窒息状态。有以下原因：呼吸道机械阻塞（氨、氯、二氧化硫等刺激性气体引起的声门水肿和喉痉挛等）；呼吸中枢抑制（麻醉性中毒）；呼吸肌麻痹（有机磷中毒）以及组织缺氧（一氧化碳中毒）。

② 中毒性肺水肿。刺激性气体（氨、氯、二氧化硫等）及主要作用于肺泡的毒气（如光气、氮氧化物等）都能引起肺水肿。症状与非中毒性肺水肿类似，但心力衰竭症状不明显。

③ 中毒性支气管炎和肺炎。吸入氧化锰、大量汽油等也容易引起中毒性肺炎和支气管炎，表现在呼吸困难症状明显。

（4）消化系统　消化系统的损伤包括口腔病变、胃肠病变和肝损伤。如汞中毒引起口腔炎；汞盐、三氧化二砷急性中毒引起急性胃肠炎；铅中毒时有较明显的便秘、腹绞痛等消化道症状。而最常见的是毒物对肝脏的损害。其主要毒物有磷、三硝基甲苯、四氯化碳、卤素族及其他碳氢化合物等，严重者可引起中毒性肝炎。

（5）循环系统　职业有害因素导致的心血管损害已日益受到重视，有的化学物以心脏为靶器官或作为靶器官之一。锑、铊等许多金属毒物、有机汞农药、四氯化碳和有机溶剂可直接损害心肌，镍通过影响心肌氧化与能量代谢，引起心功能降低、房室传导阻滞；某些氟烷烃如氟里昂可使心肌应激性增强，诱发心率紊乱，促使室性心动过速或引起心室颤动；亚硝酸盐可致血管扩张，血压下降；一氧化碳、二硫化碳与冠状动脉粥样硬化有关，使冠心病发病增加等；刺激性气体引起严重中毒性肺水肿时，由于大量液体渗出，使肺循环阻力增加，右心负担加重，可导致急性肺原性心脏病。

（6）生殖系统　生产性毒物对生殖系统的不良影响可分为对生殖器官的损害和内分泌系统的改变。如铅对男性可引起睾丸精子数量减少，畸形率增加和活动能力减弱；对女性可引起月经周期和经期异常、痛经及月经血量改变等。

（7）泌尿系统　许多职业有害物质可通过各种途径进入体内，对肾脏产生直接或间接的毒害。主要表现为急性中毒性肾病、慢性中毒性肾病、中毒性泌尿道损害及泌尿道肿瘤。

（8）皮肤　皮肤往往最先接触职业有害物质而引起不同程度的损害。对皮肤的损害主要有接触性皮炎、光敏性皮炎、职业性痤疮、药症样皮炎、皮肤黑变病、职业性皮肤溃疡、职业性疣赘、职业性角化过度和皲裂等。有的尚可引发皮肤肿瘤，如无机砷等。

（9）其他　如角膜、结膜刺激性炎症；角膜、结膜坏死、糜烂；白内障；视神经炎、视网膜水肿、视神经萎缩、失眠等。有的毒物还可引起骨骼改变等。

3. 职业中毒的原因及其影响因素

在生产环境中，毒物常以粉尘、烟尘（比粉尘更细的颗粒）、气体、蒸气或雾滴的状态出现，在防护不严或意外事故等异常情况下，在生产、使用、运输等过程中，可通过呼吸道、皮肤或消化道等途径进入人体，成为引起职业中毒的原因。但是，毒物对人体产生毒害作用需要一定条件，并受各种因素的影响。

（1）毒物的毒性　毒物的毒性主要决定于它的化学结构。有的毒物只用几十毫克就可以产生中毒作用，称为"剧毒"物质；有的则需几克或几十克，称为"中等毒"或"低毒"物质。因此，在生产中常采用某些低毒物质代替毒性大的物质，如在合成农药杀虫剂时，常设法改变其化学结构，以寻找杀虫效力高、对人畜毒性低的农药。此外，有些毒物如乙二醇，虽毒性较高，但因其不易挥发，在生产中造成中毒机会较少。所以，在预防工作中应先解决毒性大而易挥发的物质的防护问题。

（2）毒物进入人体的量　健康人体对毒物具有完善的防御能力，当少量毒物进入人体时，机体可动员神经质防御力量，对毒物进行水解，还能进行氧化或结合反应，发挥自身的解毒作用。然而，当大量毒物侵入时，超过机体的解毒能力，就可对人体产生不良作用，以至引起中毒。职业中毒主要是通过毒物吸入人体所引起，为了减少毒物进入人体的量，首先要降低空气中毒物的浓度，这是预防职业中毒的重要措施。

（3）人的精神状态与健康状况　毒物的毒性和进入人体的量，是引起中毒的外因。如果对毒物无恐惧感，在毒物面前处于无所谓状态，因而放弃对毒物的预防，不积极改造作业环境，则毒物进入人体的机会必然增多。而健康状况不良（如明显的肝病会影响肝脏的解毒功能等），则使毒物进入人体后可能引起的损害更为严重。因此，在接触毒物过程中要振奋精神，改造环境，战胜毒害。平时要加强身体锻炼，增强人体的抗病能力。一旦受到毒物侵害，在治疗过程中要充分发挥病人的主观能动作用，激发起人体各部器官、组织的旺盛机能和抗病因素，易于战胜疾病，恢复健康。

4. 职业中毒的诊断

职业中毒属于法定职业病范畴，正确的诊断，不仅是医学上的问题，而且关系到能否享受劳动保险待遇和正确执行劳动保护政策。我国 2002 年 5 月 1 日开始实施《中华人民共和国职业病防治法》。同时按照配套规章《职业病目录》规定的职业中毒共 56 种。并以国家标准的形式（职业病诊断标准），明确了全部职业病的正确诊断。一般来说，正确诊断依赖于下列三个方面。

（1）职业史　包括工种、接触职业有害因素的机会和接触程度、环境条件资料。为深入了解病因，除口头询问外，有时需要直接到现场观察，才能作出正确的判断。接触史的资料，不仅要定性，还应该进行定量估测，即有关生产环境监测的资料和工龄的记录。

（2）体格检查　应根据职业因素所致疾病的特点，如职业史比较明确，接触的有毒有害物质明确，选择某些项目重点检查。

（3）实验室检查　有些职业中毒的临床表现不明显，需依靠实验室检查，主要有以下几种：测定生物材料中的有害物质，以检测身体吸收量，如尿、头发、指甲等中的重金属；测定排出代谢物的量，如吸收苯系物后，可分别测定尿中酚、马尿酸或甲基马尿酸；测定机体受职业危害因素作用后的生物学或细胞形态的病变。如对接触苯者检查血常规，必要时检查骨髓像等。

根据以上三方面取得的资料，经过综合分析，得出诊断结论。对慢性职业中毒，往往需要长期动态随访，才能作出最后判断。对一些病因未能确定的临床表现，要排除职业因素以外的疾病，这是职业中毒诊断中的重要手段。此时除需要利用以上三方面资料予以综合分析外，可应用职业流行病学方法予以鉴定。我国对法定职业病的诊断及诊断程序都有明确规定。

5. 职业中毒的预防

职业中毒的预防与厂矿、车间的建筑和布局，生产工艺过程的设备和管理，安全技术和卫生保健措施等均有密切的关系。因此，必须领导、工人、工程技术人员和医务人员相结合，充分发动群众，采取综合措施，才能收到良好的效果。其基本原则如下。

（1）消除或控制生产环境中的毒物　用无毒或低毒的物质代替有毒原料，限制原料中有毒杂质的含量，例如，油漆生产中用锌白或钛白代替铅白，喷漆作业采用无苯稀料。在酸洗作业限制酸中砷的含量；溶剂汽油应不含四乙基铅等。改革工艺过程，例如，电镀作业镀锌时采用无氰电镀工艺；制造水银温度计采用真空灌汞法，喷漆作业采用静电喷漆新工艺等。生产过程机械化、自动化和密闭化，例如有毒物质的加料、搅拌、搬运、包装等过程应尽可能机械化、自动化和密闭化，防止毒物的跑、冒、滴、漏，减少工人接触毒物的机会。厂房建筑和生产过程的合理安排，产生有毒物质的车间、工段或设备，应尽量与其他车间、工段隔开，合理地配置，以减少影响范围。加强通风排毒，厂房内产生有毒气体、蒸气和气溶胶的地点，可采用局部抽出式机械通风系统排除毒物，以降低作业场所空气中的毒物浓度。

（2）合理地使用个体防护用具　这是一项辅助措施。在生产设备的防护和通风措施不够完善，特别是在事故抢修或进入设备内检修时，个体防护用具有重要的作用。个体防护用具主要包括防毒面具、防护服装及防护油膏等。

（3）做好卫生保健工作　加强卫生宣传教育，普及职业中毒的防治知识，制订和遵守安全操作规程和卫生制度，养成良好的卫生习惯；定期和经常进行生产环境的卫生检查和空气中有毒物质浓度的监测，及时发现和查明有毒物质造成污染的原因、程度和变化规律，以便采取有效措施降低车间空气中有毒物质的浓度，使之不超过国家规定的最高容许浓度；做好健康监护，要根据国家规定项目和时间认真做好就业前和定期健康检查，搞好工人健康监护档案；合理供应保健食品，对接触某些生产性毒物的作业工人供给保健食品，应根据所接触毒物的毒作用特点，在保证平衡膳食的基础上，选择某些特殊需要的营养成分（如维生素、无机盐、蛋白质等）加以补充。

6. 常见的职业中毒

（1）铅中毒　铅（Pb），熔点 327.4℃，沸点 1525℃，加热到 400～500℃时即有大量蒸气逸出，经氧化、冷凝形成氧化铅烟。铅的用途很广，工业上接触铅及其化合物的机会很多，是我国最常见的职业性毒物之一。可能存在铅危害的生产过程主要有铅矿开采，含铅金属冶炼，蓄电池及颜料工业的熔铅和制粉，含铅油漆的生产和使用，以及含铅金属的熔割等。其次是电缆及铅管的制造，制药，农药以及塑料或橡胶工业中的稳定剂与促进剂等。

在生产条件下铅主要呈粉尘、烟的形式污染车间空气，经呼吸道进入人体。铅及其各种化合物都有毒性，溶解度越大则毒性越大。

铅中毒的临床表现：急性中毒在生产中极为少见。职业性铅中毒多为慢性。主要表现有神经、血液和消化系统三方面的症状。此外，铅中毒时还可出现肾、脑、肝的损害。

（2）汞中毒　汞（Hg），又称水银，银白色液态金属。熔点 -38.7℃，沸点 357℃。不溶于水，易溶于硝酸，能溶于脂肪。汞在常温下即蒸发，20℃时汞蒸气饱和浓度可达国家卫生标准的 1000 倍以上，温度越高，蒸发量越大。汞蒸气较空气重 6 倍，故其蒸气多沉积在车间下方。汞蒸气很易被不光滑的墙壁、地面、天花板、工作台、工具及衣服所吸附。汞表面张力较大，若洒落在地面或桌面上，即可分散成许多小颗粒的汞珠，到处流散，无孔不入，不易清除。散成小汞珠后表面积增大，蒸发面也增大，蒸发速度加快，成为持续污染空气的来源。因此，及时清除汞污染，防止汞滴飞溅，对降低车间空气汞浓度有重要意义。

汞在自然界主要以硫化汞矿石（辰砂）的形态存在，其次，游离汞珠也可混于岩石层中。金属汞广泛应用于仪表制造、电气器材制造与维修，化学工业中用汞作阴电极、接触剂，冶金工业中用汞齐法提炼金、银等贵重金属，口腔医学中用银汞合金充填龋洞等。汞的许多化合物也被广泛应用，在乙醛生产、塑料和染料工业中作催化剂；砷酸汞用于制造防火、防腐涂料；氰化汞用于照相、医药等工业；氯化高汞用于医药、冶金、木材防腐、染料、鞣革、电池和石印等。

金属汞主要以蒸气形态经呼吸道进入人体；由于汞蒸气具有脂溶性，因而如与皮肤直接接触时也能经完整皮肤进入体内。无机汞化合物多呈粉尘或烟雾污染车间空气，主要经呼吸道吸入。有机汞由肠道的吸收率将近 90％，经呼吸道、皮肤黏膜也极易吸收。汞及化合物进入血液后，与血浆蛋白结合并随血流转运到全身各器官，主要分布于肾，其次为肝、心、中枢神经系统。

汞中毒的临床表现：生产过程中汞中毒多为慢性，急性中毒较少见。慢性中毒，初期主要表现为神经衰弱症候群，进一步发展则出现易兴奋症、震颤和口腔炎等典型症状和体征。此外，汞中毒患者常伴有植物神经功能紊乱，表现为多汗，血压、脉搏不稳、皮肤划痕试验阳性等。同时可有食欲不振、胃肠功能紊乱等症状。有的还有甲状腺轻度肿大、脱发、妇女月经紊乱，少数病例尿中可出现蛋白、红细胞等。

（3）锰中毒 锰（Mn）为灰白色金属，质硬而易碎，熔点 124℃，沸点 1962℃。易溶于酸中。自然界锰矿石主要有软锰矿、菱锰矿及水锰矿等，我国以软锰矿及菱锰矿较多见。各种锰矿石的开采、破碎、筛选、运输过程中均可接触到含锰粉尘。锰及其化合物的用途很广，冶金工业用以制造锰合金和作为还原剂，电焊作业有含锰烟尘。化工生产中，使用锰化合物作原料、催化剂、氧化剂等。二氧化锰用于电池制造、玻璃脱色；硫酸锰可作农业肥料；锰酸盐及高锰酸盐可作氧化、消毒和漂白剂。上述生产场所均可接触锰尘或锰烟。

锰的低价氧化物和较高价氧化物毒性大。生产条件下主要以粉尘及锰烟的形态随吸气进入人体；长期吸入锰尘，可致上呼吸道炎症，吸入高浓度锰烟有时可引起间质性肺炎。

锰中毒的临床表现：职业性锰中毒主要为慢性。发病工龄一般为 5～10 年，也可能长至 20 年。慢性锰中毒主要表现为神经系统症状。早期表现为神经衰弱症候群，如记忆力减退，嗜睡，对周围事物缺乏兴趣，精神萎靡不振；或出现欣快症状，讲话多，情绪变化快，活跃。有时有四肢麻木、疼痛或肌肉痉挛。此时客观检查可见眼裂扩大，瞬目次数减少、心动过速、多汗等。中毒进一步发展则出现典型的锥体外系统损害的症状。出现言语错乱，面部缺乏表情，动作笨拙，步态异常。

（4）苯中毒 苯为无色、透明液体，略具芳香气味。相对分子质量 78.11。沸点 80.1℃，闪燃点极低（－11℃），故易挥发和爆炸。蒸气相对密度为 2.8，因而可沉积在车间空气下方。微溶于水，易溶于乙醇、乙醚、丙酮、二硫化碳等有机溶剂中。

除在提炼苯的过程中可以接触较高浓度的苯蒸气以外，主要尚有以下作业：制造酚、氯苯、硝基苯、香料、药物、农药、塑料（聚苯乙烯）、合成纤维、合成橡胶、合成洗涤剂、合成染料等工业中常用苯作原料。制药、制革、橡胶、有机合成、提炼脂肪、印刷、油漆业等，用苯作为溶剂。

苯在生产环境中以蒸气状态存在，主要经呼吸道进入体内。经皮肤仅吸收极少量。经消化道能完全吸收。

苯中毒的临床表现：急性中毒，为短时间内吸入大量苯蒸气而引起。主要表现为中枢神经系统损害的症状，轻者出现黏膜刺激症状、皮肤潮红、兴奋、酒醉状态及眩晕，随后有恶心、呕吐及步态不稳。严重中毒时发生昏迷、抽搐、血压下降，以至呼吸和循环衰竭。慢性中毒，以造血系统损害为主要表现。早期常有头晕、头痛、乏力、失眠、记忆力减退等神经衰弱综合征的表现。严重者出现全血细胞减少，即再生障碍性贫血。苯尚可引起白血病。

（5）刺激性气体中毒　刺激性气体是指对眼和呼吸道黏膜有刺激作用的一类有害气体。最常见的刺激性气体是氯、氨、氮氧化物、光气、氟化氢和二氧化硫等。

刺激性气体常以局部损害为主，但强烈的局部刺激也能引起全身反应。刺激性气体可引起化学性气管炎、支气管炎或支气管周围炎、肺炎及肺水肿。液态的刺激性毒物直接接触皮肤、黏膜可引起化学性灼伤。肺水肿是刺激性气体引起的最常见且严重的病变之一。肺水肿是肺部血管有过量水分淤积，肺泡和肺间质内均充满液体。

（6）窒息性气体中毒　窒息性气体是指进入人体后，使血液的运氧能力或组织利用氧的能力发生障碍，造成组织缺氧的有害气体。

在工农业生产中常见的窒息性气体有：一氧化碳、硫化氢和氰化物等。

凡含碳物质不完全燃烧时均可产生一氧化碳。生产中接触一氧化碳的作业有：冶金工业中的炼焦、炼铜、炼铁、炼钢、羰化法提炼金属镍等；采矿爆破作业；机器制造工业中的锻造和铸造车间；化学工业中用一氧化碳作原料以制造光气、甲醇、甲醛、甲酸、丙酮、合成氨等作业以及耐火材料、玻璃、陶瓷、建筑材料等工业使用的各种窑炉、煤气发生炉等。

轻度中毒：患者出现剧烈的头痛、头昏、四肢无力、恶心、呕吐。可出现轻度至中度意识障碍，但无昏迷。

中度中毒：除有上述症状外还出现意识障碍，表现为浅至中度昏迷。中度中毒者经抢救可以恢复并且无明显的并发症。

重度中毒：迅速出现意识障碍，严重者处于深昏迷。可并发脑水肿、休克或严重的心肌损害、肺水肿、呼吸衰竭、上消化道出血、脑局灶损害等。

硫化氢多属生产过程中排放的废气。常见于下列生产过程：含硫矿石中冶炼金属，含硫石油的开采、提炼及应用，生产人造纤维、合成橡胶及硫化染料；制革工业中使用硫化钠脱毛；甜菜制糖和动物胶等工业中都可产生硫化氢。此外，有机物腐败分解亦可产生硫化氢，故也见于从事下水道疏通、污物处理、粪窖清除、整治沼泽地等工作。

硫化氢对眼和呼吸道黏膜的刺激作用，主要是它与黏膜表面的钠作用生成硫化钠之故。在眼部可引起结膜炎和角膜溃疡；在呼吸道可引起支气管炎，甚至造成中毒性肺炎和肺水肿。

轻度中毒：较常见。表现为畏光、流泪、眼刺痛并有异物感；鼻、咽灼热感、干咳及胸部不适。检查时可见眼结膜充血，肺部有干啰音。一般数日内症状消失。

中度中毒：中枢神经系统症状明显。有头痛、头晕、全身乏力、呕吐等症状。另外，眼及呼吸道刺激症状也较明显。

重度中毒：有各种类型的临床表现。最严重的可发生"电击型"死亡，高浓度的硫化氢可致呼吸与心脏骤停。有些病例出现急性肺水肿，可能伴有肺炎，往往亦导致死亡。长期接触低浓度硫化氢，可出现神经衰弱综合征和植物神经紊乱等症状。患者一般健康较差，并可出现点状角膜炎。

氰化物是一种常见的毒物，种类很多，常见的有：氰氢酸、氰酸盐类、卤族氰化物和腈类、氰甲酸酯类等。氰酸盐类，在高温或与酸性物质作用时能放出氰化氢。在氰化物中，以氰化氢的毒性最大。

接触氰化氢的生产活动主要有：电镀，采矿（提取金银），船舱、仓库的烟熏灭鼠，制造各种树脂单体，如丙烯酸酯、甲基丙烯酸酯和己二胺及其他腈类。

生产条件下主要以氰化氢气体或氰化物盐类粉尘的形态经呼吸道吸入，丙烯腈、氰化氢等也可经皮肤吸收。氰化氢属剧毒类，毒作用迅速，其致死主要原因是呼吸和循环麻痹。氰化氢中毒多由于意外事故或误服而引起。轻度中毒时出现乏力、头痛、头昏、胸闷及轻度黏膜刺激。严重中毒者，除有上述症状外，且出现呼吸浅表而频数、血压下降、痉挛、意识丧失，最后由于呼吸中枢麻痹而死亡。

第三节 粉尘的职业危害

一、粉尘

能够长时间浮游于空气中的固体微粒称为粉尘。在生产过程中形成的粉尘称为生产性粉尘。它是污染作业环境、损害劳动者健康的重要的职业病危害因素，可引起包括尘肺在内的多种职业性肺部疾病。

二、生产性粉尘的来源

生产性粉尘来源十分广泛，如固体物质的机械加工、粉碎；金属的研磨、切削；矿石的粉碎、筛分、配料或岩石的钻孔、爆破和破碎等；耐火材料、玻璃、水泥和陶瓷等工业中的原料加工；皮毛、纺织物等原料处理；化学工业中固体原料加工处理，物质加热时产生的蒸气、有机物质的不完全燃烧所产生的烟。此外，粉末状物质在混合、过筛、包装和搬运等操作时产生的粉尘，以及沉积的粉尘二次扬尘等。

三、生产性粉尘的分类

生产性粉尘分类方法有几种，根据生产性粉尘的性质可将其分为三类。

1. 无机性粉尘

无机性粉尘包括矿物性粉尘，如硅石、石棉、煤等；金属性粉尘，如铁、锡、铝等及其化合物；人工无机粉尘，如水泥、金刚砂等。

2. 有机性粉尘

有机性粉尘包括植物性粉尘，如棉、麻、面粉、木材；动物性粉尘，如皮毛、丝、骨粉尘；人工合成的有机染料、农药、合成树脂、炸药和人造纤维等。

3. 混合性粉尘

混合性粉尘是上述各种粉尘的混合存在，一般为两种以上粉尘的混合。生产环境中最常见的就是混合性粉尘。

四、生产性粉尘的理化性质

粉尘对人体的危害程度与其理化性质有关，与其生物学作用及防尘措施等也有密切关系。在卫生学上，有意义的粉尘理化性质包括粉尘的化学成分、分散度、溶解度、密度、形状、硬度、荷电性和爆炸性等。

1. 粉尘的化学成分

粉尘的化学成分、浓度和接触时间是直接决定粉尘对人体危害性质和严重程度的重要因素。根据粉尘化学性质不同，粉尘对人体可有致纤维化、中毒、致敏等作用，如游离二氧化硅粉尘的致纤维化作用。对于同一种粉尘，它的浓度越高，与其接触的时间越长，对人体危害越重。

2. 分散度

粉尘的分散度是表示粉尘颗粒大小的一个概念，它与粉尘在空气中呈浮游状态存在的持续时间（稳定程度）有密切关系。在生产环境中，由于通风、热源、机器转动以及人员走动等原因，使空气经常流动，从而使尘粒沉降变慢，延长其在空气中的浮游时间，被人吸入的机会就越多。直径小于 $5\mu m$ 的粉尘对机体的危害性较大，也易于到达呼吸器官的深部。

3. 溶解度与密度

粉尘溶解度大小与对人体危害程度的关系，因粉尘作用性质不同而异。主要呈化学毒作用的粉尘，随溶解度的增加其危害作用增强；主要呈机械刺激作用的粉尘，随溶解度的增加其危害作用减弱。

粉尘颗粒密度的大小与其在空气中的稳定程度有关，尘粒大小相同，密度大者沉降速度快、稳定程度低。在通风除尘设计中，要考虑密度这一因素。

4. 形状与硬度

粉尘颗粒的形状多种多样。质量相同的尘粒因形状不同，在沉降时所受阻力也不同，因此，粉尘的形状能影响其稳定程度。坚硬并外形尖锐的尘粒可能引起呼吸道黏膜机械损伤，如某些纤维状粉尘（如石棉纤维）。

5. 荷电性

高分散度的尘粒通常带有电荷，与作业环境的湿度和温度有关。尘粒带有相异电荷时，可促进凝集、加速沉降。粉尘的这一性质对选择除尘设备有重要意义。荷电的尘粒在呼吸道可被阻留。

6. 爆炸性

高分散度的煤炭、糖、面粉、硫黄、铝、锌等粉尘具有爆炸性。发生爆炸的条件是高温（火焰、火花、放电）和粉尘在空气中达到足够的浓度。可能发生爆炸的粉尘最小浓度：各种煤粉为 $30\sim40g/m^3$，淀粉、铝及硫黄为 $7g/m^3$，糖 $10.3g/m^3$。

五、人体对粉尘的防御机能

人体对进入呼吸道的粉尘具有防御机能，能通过各种途径将大部分尘粒清除掉。其作用大体分为三种。即滤尘机能、传送机能和吞噬机能。这三种机能互有联系，不能截然分开。

1. 滤尘机能

尘粒进入呼吸道时，首先由于上呼吸道的生理解剖结构、气流方向的改变和黏液分泌，使大于 $10\mu m$ 的尘粒在鼻腔和上呼吸道沉积下来而被清除掉。据研究，鼻腔滤尘效能约为吸气中粉尘总量的 $30\%\sim50\%$。由于粉尘对上呼吸道黏膜的作用，使鼻腔黏膜机能亢进，毛细血管扩张，大量分泌黏液，借以直接阻留更多的粉尘。这是机体的一种保护性反应，但在病理学上已属于肥大性鼻炎。此后黏膜细胞由于营养供应不足而萎缩，逐渐形成萎缩性鼻炎，则滤尘机能显著下降。由于类似的变化，还可引起咽炎、喉炎、气管炎及支气管炎等。

2. 传送机能

在下呼吸道，由于支气管的逐级分支、气流速度减慢和方向改变，可使尘粒沉积黏着在支气管及其分支管壁上。这部分尘粒大小直径约在 $2\sim10\mu m$。其中大多数尘粒通过黏膜上皮的纤毛运动伴随黏液往外移动而被传送出去，并通过咳嗽反射排出体外。

3. 吞噬机能

进入肺泡内的粉尘，一部分随呼气排出；另一部分被吞噬细胞吞噬后，通过肺泡上皮表面的一层液体的张力，被移送到具有纤毛上皮的呼吸性细支气管的黏膜表面，并由此传送出去；还有一部分粉尘被吞噬细胞吞噬后，通过肺泡间隙进入淋巴管，流入肺门。直径小于 $3\mu m$ 的尘粒，大多数是通过吞噬作用而被清除的。

由此可见，人体通过各种清除机能，可将进入肺脏的绝大多数尘粒排出体外，而进入和残留在肺门淋巴结内的粉尘，只是吸入粉尘的一小部分。虽然人体有良好的防御机能，但在一定条件下，如果防尘措施不好，长期吸入浓度较高的粉尘，则仍可产生不良影响。

六、粉尘的危害

长期接触生产性粉尘可引起一些疾病的发生。例如，大麻、棉花等粉尘可引起支气管哮喘、哮喘性支气管炎、湿疹及偏头痛等变态反应性疾病。破烂布屑及某些农作物粉尘可能成为病源微生物的携带者。石棉粉尘除引起石棉肺外，还可引起间皮瘤。经常接触生产性粉尘，还要引起皮肤、耳及眼的疾患。例如，粉尘堵塞皮脂腺可使皮肤干燥，易受机械性刺激和继发感染而发生粉刺、毛囊炎、脓皮病等。混于耳道内皮脂及耳垢中的粉尘，可促使形成耳垢栓塞。金属和磨料粉尘的长期反复作用可引起角膜损伤，导致角膜感觉丧失和角膜混浊。在采煤工人中还可见到粉尘引起的角膜炎等。

粉尘对机体影响最大的是呼吸系统损害，包括上呼吸道炎症、肺炎（如锰尘）、肺肉芽肿（如铍尘）、肺癌（如石棉尘、砷尘）、尘肺（如二氧化硅等尘）以及其他职业性肺部疾病等。

尘肺是指由于在生产环境中长期吸入一定浓度的能引起肺组织纤维性变的粉尘所致的疾病。它是职业病中影响面最广、危害最严重的一类疾病。目前一般将生产性粉尘所引起的肺部疾患分为五大类：

（1）尘肺 通过临床观察、X射线检查、病理解剖以及实验研究，人们认为除游离二氧化硅外，还有一些其他粉尘也可引起尘肺。尘肺按其病因可分为以下五类：

① 矽肺：由于吸入含有游离二氧化硅的粉尘而引起的尘肺；

② 硅酸盐肺：由于吸入含有结合状态二氧化硅（硅酸盐），如石棉、滑石、云母等粉尘而引起的尘肺；

③ 碳尘肺：由长期吸入煤、石墨、炭黑、活性炭等粉尘引起；

④ 混合性尘肺：由于吸入含有游离二氧化硅和其他某些物质的混合性粉尘而引起的尘肺，如煤矽肺、铁矽肺等；

⑤ 金属尘肺：由长期吸入某些金属粉尘（如铁、铝尘等）引起。

（2）肺部粉尘沉着症 有些生产性粉尘，如锡、钡、铁等粉尘，吸入后可沉积于肺组织中，仅呈现一般的异物反应，但不引起肺组织的纤维性变，对人体健康危害较小或无明显影响，这类疾病称为肺粉尘沉着症。其危害比尘肺小。

（3）有机性粉尘引起的肺部病变 有些有机性粉尘，如棉、亚麻、茶、甘蔗渣、谷类等粉尘，可引起一种慢性呼吸系统疾病，常有胸闷、咳嗽、咳痰等症状。一般认为，单纯有机性粉尘不致引起肺组织的纤维性变。

（4）呼吸系统肿瘤 石棉、放射性矿物、镍、砷、铬等粉尘均可致肺部肿瘤。

（5）粉尘性支气管炎、肺炎、支气管哮喘等。

七、矽肺

矽肺是由于生产过程中，长期吸入游离二氧化硅（矽，SiO_2）含量较高的粉尘所致的以肺组织纤维化为主的疾病。矽肺病人约占尘肺的一半。

1. 病因

游离二氧化硅在自然界中分布很广，是地壳的主要成分，约95%的矿石中含有游离二氧化硅，如石英中游离二氧化硅量可达99%，故通常以石英代表游离二氧化硅。接触含有10%以上游离二氧化硅的粉尘作业，称为矽尘作业。常见的矽尘作业，如矿山采掘时使用风钻凿岩或爆破、选矿等作业；开山筑路、修建水利工程及开凿隧道等；在工厂，如玻璃厂、石英粉厂、耐火材料厂等生产过程中矿石原料破碎、碾磨、筛选、配料等作业；机械制造业中铸造车间的型砂粉碎、调配、铸件开箱、清砂及喷砂等作业，均可产生大量的含硅粉尘。有的沙漠地带，砂中含硅量也很高。

2. 影响矽肺发生的因素

（1）空气中粉尘浓度中游离 SiO_2 含量　在环境粉尘中游离 SiO_2 含量越高，粉尘浓度越大，则造成的危害越大。在煤炭开采中，煤矿岩层往往也含相当高的游离二氧化硅量，有时可高达40%，这些工人所接触的粉尘常为煤矽混合尘，如果长期吸入大量这类粉尘后，也可引起以肺纤维化为主的疾病。

（2）接触时间　矽肺的发展是一个慢性过程，一般在持续吸入矽尘5～10年发病，有的长达5～20年以上。但持续吸入高浓度、高游离二氧化硅含量的粉尘，经1～2年即可发病，称为"速发型矽肺"。有些矽尘作业工人，在离开粉尘作业时没有发现矽肺的征象，但日后出现矽肺，为"晚发型矽肺"。

（3）粉尘分散度　分散度是表示粉尘颗粒大小的一个量度，以粉尘中各种颗粒直径大小的组成百分比来表示。小颗粒粉尘所占的比例越大，则分散度越大。分散度大小与尘粒在空气中的浮动和其在呼吸道中的阻留部位有密切关系。直径大于 $10\,\mu m$ 粉尘粒子在空气中很快沉降，即使吸入也被鼻腔鼻毛阻留，随鼻涕排出；$10\,\mu m$ 以下的粉尘，绝大部分被上呼吸道所阻留；$5\,\mu m$ 以下的粉尘，可进入肺泡；$0.5\,\mu m$ 以下的粉尘，因其重力小，不易沉降，随呼气排出，故阻留率下降。

（4）机体状态　人体呼吸道有一系列的防御装置，吸入的粉尘，首先通过鼻腔时，因鼻毛的滤尘作用和鼻中隔弯曲而阻留，一般为吸入粉尘量的30%～50%；进入气管、支气管的粉尘，极大部分可由支气管树的分叉、黏膜上皮纤毛运动而阻留并随痰排出；部分尘粒被巨噬细胞或肺泡间质巨噬细胞吞噬成为尘细胞，尘细胞或未被吞噬的游离尘粒可沿着淋巴管进入肺门淋巴结。

游离 SiO_2 粉尘对尘细胞有杀伤力，是造成矽肺病变的基础。一般来说，进入呼吸道的粉尘98%在24小时内通过各种途径排出体外，粉尘浓度越大，超过机体清除能力时，滞留在肺内的量越大，病理改变也越严重。

凡有慢性呼吸道炎症者，则呼吸道的清除功能较差，呼吸系统感染尤其是肺结核，能促使矽肺病程迅速进展和加剧。此外，个体因素如年龄、健康素质、个人卫生习惯、营养状况等也是影响矽肺发病的重要条件。

3. 矽肺的临床特点

（1）症状和体征　患者早期无明显症状，随病情进展，或有合并症时，出现气短、胸闷、胸痛、咳嗽、咳痰等症状和体征。胸闷、气急程度与病变范围及性质有关，这是由于肺组织的广泛纤维化，使肺泡大量破坏、支气管变形、狭窄、痉挛以及胸膜增厚和粘连，使通气及换气功能损害。当活动或病情加重时，呼吸困难可加重。早期患者多数无明显的阳性体征，少数病人两肺可听到呼吸音粗糙、减弱或干啰音；支气管痉挛时可听见哮鸣音，合并感染可有湿啰音，若有肺气肿，则呼吸音降低。

（2）X 射线表现

① 矽肺的基本病理变化是肺组织内有特征性的结节形成和弥漫性间质纤维化，在胸部X 线胸片上表现为肺纹理增多、增粗、出现圆形或不规则小阴影。晚期 X 射线片上显示融合块状大阴影。根据这些改变的分布范围及密集程度，通过综合分析可确定矽肺期别。

② 肺门改变：由于尘细胞有肺门淋巴结积聚，纤维组织增生，可使肺门阴影扩大，密度增高。晚期由于肺部纤维组织收缩和团块的牵拉，使肺门上举外移，肺门阴影可呈"残根样"改变。如果在淋巴结包膜下有钙质沉着可呈现蛋壳样钙化。

③ 胸膜改变：由于淋巴管阻塞致淋巴阻滞和逆流而累及胸膜，引起胸膜广泛纤维化增厚。晚期由于肺部纤维组织收缩牵拉和粘连，横膈可呈现"天幕状"影像，肺底胸膜粘连，使肋膈角变钝。

（3）呼吸功能改变 早期矽肺，由于病变轻微，对呼吸功能影响不大，肺功能常无明显改变，随着病变进展，肺组织纤维增多，肺泡弹性改变，肺功能显示肺活量和肺总量减低，病变进一步发展至弥漫性结节纤维化和并发肺气肿时，肺活量进一步减低，当肺泡大量损害和肺泡毛细血管壁因纤维化而增厚时，可引起肺弥散功能障碍，肺功能以限制性障碍为特点。

（4）并发症 矽肺病人的主要并发症和继发症有肺结核、肺及支气管感染、自发性气胸及肺心病等，其中最常见的合并症是肺结核。矽肺合并结核后，可促使矽肺加速恶化，肺结核也迅速进展，且抗痨药物不易奏效，是矽肺患者主要死亡原因之一。严重的融合团块性矽肺可引起右心衰竭，最终因充血性心力衰竭而死亡。

矽肺是严重的职业病，一旦发生，即使脱离接触仍可缓慢进展，迄今无满意的治疗方法，对患者的经济负担和精神压力也极大。随着乡镇企业的迅速发展，矽尘作业分布面更广，接触人数也更多，而不少企业设备简陋、劳动条件差，使新的矽肺病例不断发生。

第四节 物理性职业危害因素

生产和工作环境中，存在许多物理性因素。如噪声、振动、辐射、异常气候条件（气温、气流、气压）等，这些物理性职业危害因素会对人体造成各种危害，以及可能引起一些职业病的发生。

一、噪声

噪声是一种人们所不希望要的声音，它经常影响着人们的情绪和健康，干扰人们的工作，学习和正常生活。它又分为自然噪声、交通噪声、生产性噪声、建筑施工噪声、生活噪声等。

1. 生产性噪声的分类

在生产中，由于机器转动、气体排放、工件撞击与摩擦所产生的噪声，称为生产性噪声或工业噪声。生产性噪声可归纳为以下三类。

（1）空气动力噪声　是由于气体压力变化引起气体扰动，气体与其他物体相互作用所致。例如，各种风机、空气压缩机、风动工具、喷气发动机和汽轮机等，由于压力脉冲和气体排放发出的噪声。

（2）机械性噪声　是由于机械撞击、摩擦或质量不平衡旋转等机械力作用下引起固体部件振动所产生的噪声。例如，各种车床、电锯、电刨、球磨机、砂轮机和织布机等发出的噪声。

（3）电磁性噪声　是由于磁场脉冲，磁致伸缩引起电气部件振动所致。如电磁式振动台和振荡器、大型电动机、发电机和变压器等产生的噪声。

生产性噪声一般声级较高，有的作业地点可高达 120～130dB（A）。据调查，我国生产场所的噪声声级超过 90dB（A）者占 32%～42%，中高频噪声占比例最大。

2. 噪声的危害

长期接触噪声会对人体产生危害，其危害程度主要取决于噪声强度（声压）的大小、频率的高低和接触时间的长短。一般认为强度越大、频率越高、接触时间越长则危害越大。

噪声对人体的影响是多方面的。50dB（A）以上开始影响睡眠和休息，特别是老年人和患病者对噪声更敏感；70dB（A）以上干扰交谈，妨碍听清信号，造成心烦意乱、注意力不集中，影响工作效率，甚至发生意外事故；长期接触 90dB（A）以上的噪声，会造成听力损失和职业性耳聋，甚至影响其他系统的正常生理功能。如神经系统出现神经衰弱综合征，脑电图异常，植物神经系统功能紊乱；心血管系统出现血压不稳（多数表现增高），心率加快，心电图有改变（窦性心律不齐，缺血型改变）；消化系统出现胃液分秘减少，蠕动减慢，食欲下降；内分泌系统表现有甲状腺功能亢进，肾上腺皮质功能增强，性功能紊乱，月经失调等。

二、振动

1. 振动产生的来源

生产中由生产工具、设备等产生的振动称生产性振动。在生产中接触的振动源有：铆钉机、凿岩机、电钻、电锯、林业用油锯、砂轮机、抛光机、研磨机、养路捣固机等电动工具；另外内燃机车、船舶、摩托车等运输工具和拖拉机、收割机、脱粒机等农业机械也会产生振动。

2. 振动的危害

振动按其作用于人体的方式，可分为全身振动和局部振动。全身振动是由振动源通过身体的支持部分（足部和臀部），将振动沿下肢或躯干传到全身引起的振动。振动通过振动工具、振动机械或振动工件传向操作者的手和臂。局部振动亦谓手传振动，是通过手、腕、前臂等作用于机体的振动。生产中常见的职业性危害因素是局部振动。全身振动和局部振动对人体的危害及其临床表现是明显不同的。

（1）全身振动对人体的不良影响　振动所产生的能量，通过支承面作用于座位或立位操作的人身上，引起一系列病变。

人体是一个弹性体，各器官都有它的固有频率，当外来振动的频率与人体某器官的固有频率一致时，会引起共振，因而对那个器官的影响也最大。全身受振的共振频率为 3～14Hz，在该种条件下全身受振作用最强。

接触强烈的全身振动可能导致内脏器官的损伤或位移，周围神经和血管功能的改变，可造成各种类型的、组织的、生物化学的改变，导致组织营养不良，如足部疼痛、下肢疲劳、足背脉搏动减弱、皮肤温度降低；女工可发生子宫下垂、自然流产及异常分娩率增加。一般人可发生性机能下降、气体代谢增加。振动加速度还可使人出现前庭功能障碍，导致内耳调节平衡功能失调，出现脸色苍白、恶心、呕吐、出冷汗、头疼头晕、呼吸浅表、心率和血压降低等症状。晕车晕船即属全身振动性疾病。全身振动还可造成腰椎损伤等运动系统影响。

（2）局部振动对人体的不良影响　局部接触强烈振动主要是以手接触振动工具的方式为主的，由于工作状态的不同，振动可传给一侧或双侧手臂，有时可传到肩部。长期持续使用振动工具能引起末梢循环、末梢神经和骨关节肌肉运动系统的障碍，严重时可患局部振动病。

① 神经系统：以上肢末梢神经的感觉和运动功能障碍为主，皮肤感觉、痛觉、触觉、温度功能下降，血压及心率不稳，脑电图有改变。

② 心血管系统：可引起周围毛细血管形态及张力改变，上肢大血管紧张度升高，心率过缓，心电图有改变。

③ 肌肉系统：握力下降，肌肉萎缩、疼痛等。

④ 骨组织：引起骨和关节改变，出现骨质增生、骨质疏松等。

⑤ 听觉器官：低频率段听力下降，如与噪声结合，可加重对听觉器官的损害。

⑥ 其他：可引起食欲不振、胃痛、性机能低下、妇女流产等。

3. 振动病

我国已将振动病列为法定职业病。振动病一般是对局部病而言，也称职业性雷诺现象、振动性血管神经病、气锤病和振动性白指病等。

振动病主要是由于局部肢体（主要是手）长期接触强烈振动而引起的。长期受低频、大振幅的振动时，由于振动加速度的作用，可使植物神经功能紊乱，引起皮肤分析与外周血管循环机能改变，久而久之，可出现一系列病理改变。早期可出现肢端感觉异常、振动感觉减退。主诉手部症状为手麻、手疼、手胀、手凉、手掌多汗、手疼多在夜间发生；其次为手僵、手颤、手无力（多在工作后发生），手指遇冷即出现缺血发白，严重时血管痉挛明显。X 光片可见骨及关节改变。如果下肢接触振动，以上症状出现在下肢。

振动的频率、振幅和加速度（加速度增大，可使白指病增多）是振动作用于人体的主要因素，气温（寒冷是促使振动致病的重要外界条件之一）、噪声、接触时间、体位和姿势、个体差异、被加工部件的硬度、冲击力及紧张等因素也很重要。

三、高温

由于工业企业和服务行业工作地点具有生产性热源，当室外实际气温达到本地区夏季室外通风设计计算温度时，其工作地点气温高于室外气温 2℃或 2℃以上的作业（含夏季通风室外计算温度≥30℃地区的露天作业，不含矿井下作业），称为高温作业。

1. 高温作业的类型

按其气象条件的特点，常见的高温作业分为三种类型。

（1）高温、强热辐射作业　这些作业环境的特点是气温高、热辐射强度大，相对湿度低，形成干热环境。如冶金工业的炼焦、炼铁、炼钢等车间；机械制造工业的铸造车间；陶瓷、玻璃、建材工业的炉窑车间；发电厂（热电站）、煤气厂的锅炉间等。

（2）高温高湿作业　其作业环境的特点是气温气湿高，热辐射强度不大，或不存在热辐射源。如纺织印染等工厂；深井煤矿中等。

（3）夏天露天作业 其作业环境的特点是除受太阳的辐射作用外，还受被加热的地面周围物体放出的热辐射作用，作用的持续时间较长，中午前后气温升高，又形成高温、热辐射的作业环境。如建筑工；夏季的农田劳动、建筑、搬运等露天作业及大型体育竞赛等。

2. 高温工作对人体健康的影响

① 体温的调节：高温作业的气象条件、劳动强度、劳动时间及人体的健康状况等因素，对体温调节都有影响。

② 水盐代谢：高温作业时，排汗显著增加，可导致机体损失水分、氯化钠、钾、钙、镁、维生素等，如不及时补充，可导致机体严重脱水，循环衰竭，热痉挛等。

③ 循环系统：高温作业时，心血管系统经常处于紧张状态，可导致血压发生变化。高血压患者随着高温作业工龄的增加而增加。

④ 消化系统：可引起食欲减退，消化不良，胃肠道疾病的患病率随工龄的增加而增加。

⑤ 神经内分泌系统：可出现中枢神经抑制，注意力、工作能力降低，易发生工伤事故。

⑥ 泌尿系统：由于大量水分经汗腺排出，如不及时补充，可出现肾功能不全，蛋白尿等。

3. 职业病

中暑是高温作业环境下发生的一类疾病的总称，是机体散热机制发生障碍的结果。按照发病机理可分为热射病（含日射病）、热痉挛、热衰竭3种类型。按病情轻重可分为先兆中暑、轻症中暑、重症中暑。

中暑性疾病：按发病机制和临床表现的不同，分为以下几种。

① 热射病：由于体内产热和受热超过散热，引起体内蓄热，导致体温调节功能发生障碍。是中暑最严重的一种，病情危重，死亡率高。

典型症状为：急骤高热，肛温常在41℃以上，皮肤干燥，热而无汗，有不同程度的意识障碍，重症患者可有肝肾功能异常等。

② 热痉挛：是由于水和电解质的平衡失调所致。

临床表现特征为：明显的肌痉挛使有收缩痛，痉挛呈对称性，轻者不影响工作，重者痉挛甚剧，患者神志清醒，体温正常。

③ 热衰竭：是热引起外周血管扩张和大量失水造成循环血量减少，颅内供血不足而导致发病。

主要临床表现为：先有头昏、头痛、心悸、恶心、呕吐、出汗，继而昏厥，血压短暂下降，一般不引起循环衰竭，体温多不高。

第五节 职业危害的监测与控制

2006年，根据全国29个省、自治区、直辖市和新疆生产建设兵团报告（缺陕西，不含西藏），共诊断各类职业病11519例，其中尘肺病8783例，占诊断职业病病例总数的76.25%，急、慢性职业中毒分别为467例和1083例，各占诊断职业病病例总数的4.05%和9.40%。2006年职业病报告具有以下特点。

（1）尘肺病例比例增加，发病时间缩短。2006年诊断尘肺病病例比例较2005年提高了1.44个百分点。2006年诊断尘肺病例接触粉尘时间不足10年的占诊断尘肺病例总数的

22.62%，其中不足 5 年的占 11.04%，不足 2 年的占 1.57%。

（2）急性职业中毒以一氧化碳和硫化氢中毒为主，主要分布在煤炭行业和轻工行业；慢性职业中毒以铅及其化合物和苯中毒为主，主要分布在轻工、有色金属、冶金、电子和机械行业。

（3）未成年工职业健康损害严重。2006 年报告的职业病病例中有 643 例为未满 18 岁的未成年工，其中 621 例为尘肺病患者。

（4）报告职业病例数居前三位的行业依次为煤炭、有色金属和建材行业，分别占总病例数的 40.92%、12.85% 和 6.45%。

我国职业病危害形势十分严峻，因此职业危害的监测与控制就显得尤为重要。

一、职业危害的监测

1. 职业危害的监测和监测方法

职业危害监测是对工作场所潜在的健康危害进行预测、观察、测量、评价和控制接触的过程。根据作业环境条件和可能出现的问题，分以下三种监测方法。

（1）环境监测 指通过测量作业现场空气、原材料样品和产品、仪器设备表面的污染物程度，提供作业人群可能面临的污染物状况，并确定潜在危险和污染物的来源。

（2）生物监测 指通过定期或连续测量作业人员生物材料中有害物质或其代谢产物的含量，并与参比值进行比较，以提出人体接触污染物的程度和潜在的健康影响。

（3）医学监测 通过医学和适当的生物试验，检测个体职业接触污染物是否造成健康危害。包括就业前的体检、定期医疗检查、对有害物质引起的早期器质性或功能性变化和损伤的专项测试、医疗处理。

2. 作业环境的监测方法

（1）物理因素监测 物理因素对人体的作用强度，主要取决于发生源的特性和有关参数、发生源的数量、分布的地点及与工人的距离等。通常在发生源附近不同的活动地点和接触程度不同的时间内进行监测，分别记录接触的次数和持续的时间。物理因素的监测大多采用仪器测定。

（2）生产性粉尘监测 生产性粉尘测定方法有许多，如计算法、质量法、分离分散相法、不分离不分散相法、作业环境浓度测定法、个体接触浓度测定法、总粉尘浓度测定法、呼吸性粉尘浓度测定法、绝对浓度测定法、相对浓度测定法等。通过这些测定的结果，可以使我们了解作业场所粉尘浓度的变化，以便及时采取相应的控制措施。

（3）化学毒物监测

① 正确的空气采样是准确测定空气中有害物质浓度的重要前提。空气采样可分为区域采样和个体采样两种方式。

② 皮肤污染量的测定。有些化学物，如有机磷农药、苯胺、四乙基铅等，能通过完整皮肤吸收，有时甚至可成为主要的进入途径。对于这类化学物，应测定其对皮肤、衣服、手套等的污染量。

③ 生物学监测。生物学监测分为直接测试和间接测试。直接测试，即测定血液、尿等生物样品中毒物或其代谢物，可用来估计毒物的接触量，有时还可以估计其在体内的负荷量。间接测试，即测定毒物或其代谢物的作用所引起的生化或生理反应。例如，测定铅作业工人尿中锌原卟啉排出量，接触有机磷农药时测定血液胆碱酯酶活性等。目前常用的生物样品主要有尿、血液、头发、呼出气等。有时还可采集唾液、乳汁、汗液、指甲及其他生物样

品进行测定。

以上监测一般均由有资质的监测检验机构来进行。

二、职业危害的预防控制

1. 粉尘的控制

(1) 粉尘的危害程度分级　根据粉尘的种类、浓度、接尘时间，国家标准《生产性粉尘作业危害程度分级》（GB 5817—86）规定，接触生产性粉尘作业危害程度共分为五级：0级（符合卫生条件），Ⅰ级（轻度危害），Ⅱ级（中度危害），Ⅲ级（高度危害），Ⅳ级（极度危害）。按照国家有关规定，企业事业单位应将Ⅲ级、Ⅳ级粉尘危害列为粉尘治理重点，各级卫生部门应将Ⅲ级、Ⅳ级粉尘危害列为职业卫生监察工作的重点。经分级检测，粉尘危害达到Ⅳ级的企业，必须在一年内消除，否则卫生部门有权责令其停产；新建、扩建、改建和技术改造的工程项目，在试生产时，必须进行粉尘危害程度分级，凡有Ⅲ级、Ⅳ级粉尘危害的，不允许正式投产；有Ⅱ级危害的，不应升入国家二级以上企业。

(2) 粉尘危害的预防控制　生产性粉尘的危害是完全可以预防的，为了防止粉尘的危害，我国政府颁布了一系列法规和法令。根据这些政策法令，各厂矿在防尘上做了不少工作，并总结了预防粉尘危害的八字经验，"革、水、密、风、护、管、教、查"等综合措施。

其一组织措施。加强组织领导是做好防尘工作的关键。粉尘作业较多的厂矿，领导要有专人分管防尘事宜；建立和健全防尘机构，制定防尘工作计划和必要的规章制度，切实贯彻综合防尘措施；建立粉尘监测制度，大型厂矿应有专职测尘人员，医务人员应对测尘工作提出要求，定期检查并指导，做到定时定点测尘，评价劳动条件改善情况和技术措施的效果。做好防尘的宣传工作，从领导到广大职工，让大家都能了解粉尘的危害，根据自己的职责和义务做好防尘工作。

其二技术措施。技术措施是防止粉尘危害的中心措施，主要在于治理不符合防尘要求的产尘作业和操作，目的是消灭或减少生产性粉尘的产生、逸散，以及尽可能降低作业环境粉尘浓度。

① 改革工艺过程，革新生产设备，是消除粉尘危害的根本途径。应从生产工艺设计、设备选择，以及产尘机械在出厂前就应达到防尘要求的设备等各个环节做起。如采用封闭式风力管道运输，负压吸砂等消除粉尘飞扬，以铁丸喷砂代替石英喷砂等。

② 湿式作业是一种经济易行的防止粉尘飞扬的有效措施。凡是可以湿式生产的作业均可使用。例如，矿山的湿式凿岩、冲刷巷道、净化进风等，石英、矿石等的湿式粉碎或喷雾洒水，玻璃陶瓷业的湿式拌料，铸造业的湿砂造型、湿式开箱清砂、化学清砂等。

③ 密闭、吸风、除尘，对不能采取湿式作业的产尘岗位，应采用密闭吸风除尘方法。凡是能产生粉尘的设备均应尽可能密闭，并用局部机械吸风，使密闭设备内保持一定的负压，防止粉尘外逸。抽出的含尘空气必须经过除尘净化处理，才能排出，避免污染大气。

(3) 卫生保健措施　预防粉尘对人体健康的危害，第一步措施是消灭或减少发生源，这是最根本的措施。其次是降低空气中粉尘的浓度。最后是减少粉尘进入人体的机会，以及减轻粉尘的危害。卫生保健措施属于预防中的最后一个环节，虽然属于辅助措施，但仍占有重要地位。

① 个人防护和个人卫生。对受到条件限制，一时粉尘浓度达不到允许浓度标准的作业，佩戴合适的防尘口罩就成为重要措施。防尘口罩要滤尘率、透气率高，重量轻，不影响工人

视野及操作。开展体育锻炼，注意营养，对增强体质，提高抵抗力具有一定意义。此外应注意个人卫生习惯，不吸烟，遵守防尘操作规程，严格执行未佩戴防尘口罩不上岗操作的制度。

② 就业前及定期体检，对新从事粉尘作业工人，必须进行健康检查，目的主要是发现粉尘作业就业禁忌症及作为健康资料。定期体检的目的在于早期发现粉尘对健康的损害，发现有不宜从事粉尘作业的疾病时，及时调离。

③ 保护尘肺患者能得到合适的安排，享受国家政策允许的应有待遇，对其应进行劳动能力鉴定，并妥善安置。

2. 工业毒物的控制

（1）生产工艺改革　生产过程的密闭化、自动化是解决毒物危害的根本途径，用无毒、低毒物质代替剧毒物质是从根本上解决毒物危害的首选办法。但不是所有毒物都能找到无毒、低毒的代替物。因此在生产过程中控制毒物的卫生工程技术措施就很重要了。

（2）密闭、通风排毒系统　系统由密闭罩、通风管、净化装置和通风机构组成。其设计原理和原则与防尘的密闭、通风、除尘系统基本上是相同的。

（3）局部排气罩　就地密闭，就地排出，就地净化，是通风防毒工程的一个重要的技术准则。排气罩就是实施毒源控制，防止毒物扩散的具体技术装置。按构造分为密闭罩、开口罩两种类型。

（4）排出气体的净化　工业生产中的无害化排放，是通风防毒工程必须遵守的重要准则。根据输送介质特性和生产工艺的不同，有害气体的净化方法也有所不同，大致分为洗涤法、吸附法、袋滤法、静电法、燃烧法和高空排放法。

（5）个体防护　接触毒物作业工人的个体防护有特殊意义，毒物侵入人体的门户，除呼吸道外，经口、皮肤都可侵入。因此，凡是接触毒物的作业，都应规定有针对性的个人卫生制度，必要时应列入操作规程，如不准在作业场所吸烟、吃东西，班后洗澡、不准将工作服带回家中等。这不仅是为了保护操作者自身，而且也是避免家庭成员，特别是儿童间接受害。

属于作业场所的保护用品有防护服装、防尘口罩和防毒面具等。

3. 物理因素的控制

（1）噪声的控制　防止噪声危害应从声源、传播途径和接收者三个方面来考虑。

控制和消除噪声源，这是防止噪声危害的根本措施；应根据具体情况采取不同的解决方式。采用无声或低声设备代替发出噪声的设备，如用液压代替高噪声的锻压，以焊接代替铆接，用无梭织布代替有梭织布等，均可收到较好的效果。对于生产允许远置的噪声源如风机、电动机等，应移至车间外或采取隔离措施。此外设法提高机器的精密度，尽量减少机器部件的撞击、摩擦和振动，也可以降低生产噪声。

在进行厂房设计时，应合理地配置声源。把产生强烈噪声的工厂与居民区，高噪声的车间与低噪声的车间分开，也可减少噪声的危害。

控制噪声的传播一般有以下几种措施。

① 吸声。采用吸声材料装饰在车间的内表面，如墙壁和屋顶，或者在车间内悬挂空间吸声体，吸收辐射和反射声能，使噪声强度减低。具有较好吸声效果的材料有玻璃棉、矿渣棉、泡沫塑料、毛毡、棉絮、加气混凝土、吸声板、木丝板等。

② 消声。用一种能阻止声音传播而允许气流通过的装置，即消声器。这是防止空气动力性噪声的主要措施。消声器有利用吸声材料消声的阻性消声器，根据滤波原理制造的抗性

消声器，以及利用上述两种原理设计的阻抗复合消声器。

③ 隔声。在某些情况下，可以利用一定的材料和装置，把声源封闭，使其与周围环境隔绝起来，如隔声罩、隔声间。隔声结构应该严密，以免产生共振影响隔声结果。

④ 隔振。为了防止通过地板和墙壁等固体材料传播的振动噪声，在机器的基础和地板、墙壁联结处设减振装置，如胶垫、沥青等。

⑤ 卫生保健措施。加强个人防护，对于生产场所的噪声暂时不能控制，或需要在特殊高噪声条件下工作时，佩戴个人防护用品是保护听觉器官的有效措施。耳塞是最常用的一种，隔声效果可达 30dB 左右。耳罩、帽盔的隔声效果优于耳塞，但使用时不够方便，成本也较高，有待改进。

（2）振动的控制

① 进行工艺改革，消除或减轻振动源的振动。

② 根据振动工具的种类对工人接触振动的时间给以限制。

③ 改善作业环境。寒冷季节要加强车间环境的防寒保暖，户外作业也要配备一定的防寒保暖设备。控制作业环境中同时存在的噪声、毒物、高气温，对防止振动的危害也有一定作用。

④ 加强个人防护。合理使用个人防护用品也是防止和减轻振动危害的一项重要措施。

⑤ 按要求进行就业前和定期体检，处理职业禁忌症，早期发现受振动危害的个体，及时治疗和处理。

⑥ 严格执行振动卫生标准。

（3）防暑降温控制　解决高温作业危害的根本出路在于实现生产过程的自动化，防暑降温措施，主要是隔热、通风和个体防护。

其一隔热。用隔热材料（耐火、保温材料、水等）将各种热的物体包起来，降低热源的表面温度，减少向车间散热和辐射热。

其二通风。

① 自然通风。利用通风天窗的自然通风对高温车间的散热有特殊意义。有组织的自然通风系统所形成的大量风量带走了大量热量，在效果上、经济上是机械通风无法比拟的，已列入高温车间设计规范。

② 机械通风。高温车间一般很好选择全面送入式或全面排出式的机械通风。多是利用局部机械通风，风扇便是一种简单的局部通风设备，但气温 35～40℃ 以上的作业场所，普通风扇已无降温作用。喷雾风扇便是一种可选择的办法。但在那些高温和强辐射热的特殊作业场所，如天车驾驶室、热轧机操作室、推焦车操作室等作业岗位，可选择有空调的局部送风设备。

③ 个体防护。高温作业工人的防护服、帽、鞋、手套、眼镜等主要是为了防辐射热的。由于高温作业工人大量排汗，特别是每当暑季供应清凉饮料是有特殊意义的，在饮料中适当地补充些盐分和水溶性维生素就更有意义了。

第六节　事故案例分析

【案例一】煤矿瓦斯爆炸事故

1994 年 1 月 24 日 11 时 25 分，东北内蒙古煤炭工业联合集团公司所属鸡西矿务局某煤矿多种经营公司七井发生一起特别重大瓦斯爆炸事故，死亡99人（其中女职工37人）、伤3人，事故直接经济损失450万元。

1. 事故经过

七井曾于1992年和1993年被东北内蒙古煤炭工业联合集团公司多种经营公司授予A级质量标准化井。施工七井与六井相贯通的西主运巷，属于技术改造工程，没有设计，矿多种经营公司把此项工程仅作为一般掘进巷道对待。局多种经营公司对该项工程没有引起重视，只是口头同意。没有制定贯通后相应的可靠的隔爆等安全措施。

1月24日早6时40分，七井井长刘某、生产副井长刘某，六井井长李某分别召开七井、六井班前会。会议按照矿多种经营公司22日决定，对各井25日停产放假一事作出统一安排和部署，对所属各段队当班的工作做了安排布置。8时左右，七井87人，六井24人分别入井。

当天正值公司对各井进行月末验收，七井主任工程师黄某和七井各段段长与公司地测科主测王某等4名测工，对左三、右四、右二工程工作全面进行检查验收。

七井于9时停电，七井左三工作面风电闭锁装置，因故障于1月22日拆除，至24日仍未能及时更换。井下停电停风，引起瓦斯积聚。

停电后，工人仍在井下工作。11时25分，在左三工作面，放炮员正在进行放炮作业，其他人员处于躲炮位置。因放炮员违章使用煤电钻电源插销，明火放炮产生火花，引起瓦斯爆炸。

在99名遇难者中，七井遇难人员多为冲击伤，而六井遇难人员均为一氧化碳中毒，冲击伤不明显。

当天，七井主任工程师黄某和七井各段段长与公司地测科主测王某等4名测工对左三、右四、右二工程工作面地质变化和瓦斯量增加未予以重视，当时验收了左三、右四、右二工程，并于11时许升井。刚升井就听到井筒传出一声轰响，爆炸发生了。

事故调查发现，七井制定了工作面停风撤人和瓦斯排放制度，瓦斯巡视员对巡视路线、巡视点和检查时间、巡视记录不清；入井人员没有配备自救器；井下没有隔爆设施和消尘洒水系统；特种作业人员（瓦斯检查工、放炮工等）未按规定培训考核和持证上岗；对女职工入井问题，矿务局始终没有彻底解决。

2. 事故分析

直接原因：在施工左三路切割上山时，由于停电停风造成瓦斯积聚；放炮员违章用煤电钻电源插销、明火放炮产生火花，引起瓦斯爆炸。

间接原因：

① 井下通风瓦斯管理混乱。没有执行工作面停风撤人和瓦斯排放制度；拆下的风电闭锁装置没有及时更换，为违章在停风区域内使用煤电钻电源插销、明火放炮提供了条件。

② 现场作业组织管理混乱。矿井为了在放假前验收而抢进度，增加入井人员，多工种交叉作业，没有统一调度指挥，造成人员伤亡严重。

③ 技术改造工程无设计，上级部门把关不严格。技术改造工程，没有设计，领导重视不够，没有贯通后可靠的隔爆等安全设施，导致事故波及邻井，造成灾害扩大。

④ 矿多种经营公司和七井缺乏矿井灾害预防意识。入井人员没有配备自救器；井下没有隔爆设施和消尘洒水系统；矿井没有编制灾害预防计划。

⑤ 职工队伍培训差、素质低，瓦斯检查员、放炮员等特殊工种人员没有按规定培训考核和持证上岗，有的瓦斯检查员无证上岗，没有达到应知应会标准。

⑥ 矿井安全管理标准低，抗灾能力差。存在诸多安全问题的七井，在1992年、1993年被东北内蒙古煤炭工业联合集团公司多种经营公司连续两年授予A级标准化矿井。

⑦ 对于女职工入井问题，矿务局没有彻底解决。

【案例二】化学溶剂中毒事故

1. 事故经过

某韩国独资制鞋有限公司，2004年7月22日至8月7日，接连出现3例含苯化学物及汽油中毒患者（经职业病医院确诊）。3名女性中毒者都是在该公司生产流水线上进行手工刷胶的操作工。有关人员到工作现场调查确认：①在长7m、宽12m的车间内，并列2条流水线，有近百名工人进行手工刷胶作业；②车间内有硫化罐、烘干箱、热烤板等热源，但无降温、通风设施，室温高达37.2℃；③企业为追求利润，不按要求使用溶剂汽油，改用价格较低、毒性较高的燃料汽油作为橡胶溶剂，使得配制的胶浆中的含苯化学物含量较高；④所有容器（如汽油桶、亮光剂桶、胶浆桶及40多个胶浆盆等）全部敞口；⑤操作工人没有任何个人防护用品。经现场检测：车间空气中苯和汽油浓度分别超过国家卫生标准2.42倍和2.49倍。

2. 事故分析

根据《职业病目录》苯可能导致职业中毒和职业性肿瘤。汽油可能导致职业中毒。①气温高，车间内有热源，但没有降温措施，致使室温过高，而且用敞口容器盛胶，使苯及汽油大量挥发（蒸发）；②公司使用价格较低、毒性较高的燃料汽油作为橡胶溶剂，使得配制的胶浆中的含苯化学物含量较高；③没有通风设施；以上原因造成车间空气中苯和汽油浓度都超过国家卫生标准数倍，而且又不为工人配备劳动防护用品，所以会连续发生女刷胶工苯及汽油中毒事件。

【案例三】缺氧窒息死亡事故

1. 事故经过

上海某钢铁厂为扩大生产项目，准备新建2台VD炉（真空排气炉）。该项目由上海市某工业设备安装公司承建，从1997年3月份起施工，至事故发生前还未完全竣工。1997年9月10日下午1时许，安装公司5名工人进入VD炉施工，用氧气及乙炔混合气体进行切割作业，下午2时许厂方职工发现施工人员躺在炉内，即进行抢救，另1名消防队员戴防毒面具下炉也即昏倒。后经对炉内机械排风以及下炉抢救人员佩戴供氧式面具等措施后才将6人拖至炉外。经医院抢救，5名安装工人死亡，1名消防队员脱离了险情。

氩，Ar相对分子质量39.948，氩气是一种惰性气体，其溶点、沸点以及临界温度都很低，不能燃烧，也不助燃。工业上氩气除广泛用于灯泡的填充气体外，在不锈钢、锰、铝、钛和其他特种金属电弧焊接时以及钢铁生产时用作保护气体。

现场调查，在建的VD炉呈圆柱形敞开状，直径有6m，深6.8m，洞口经现场采样分析，未采集到一氧化碳及硫化氢。经现场勘察，VD炉外有氩气管从炉口通至炉内底部，氩气管阀门临近炉口处，当时氩气管已接通供气。调查人员于当日傍晚采集空气样品经检验室分析，氧含量为6%～7%（正常空气中含量为21%），此外又对采集的空气样品进行色-质分析，氩气含量大于50%，初步认定该起事故是因为氩气沉积炉内底部置换空气造成缺氧窒息死亡。

2. 事故原因

厂方和施工方均不了解氩气对人体的毒性。事故发生前有关方面用氩气对炉内进行通氩试验，此次试验并未通知施工人员。在进行试验过程中大量氩气进入炉内，因氩气比空气密度大，进入炉内的氩气沉淀在炉底，并置换出炉内的氧气，使炉内空气中含氧降低，氩气浓度显著增加，此时下炉施工的 5 名安装工不明底细，由于缺氧相继倒在炉内；在抢救过程中，厂方未采取正确有效的防护措施，没有佩戴供氧式面具，延误了抢救机会，造成了 5 死、1 伤的重大急性职业性伤害事故的发生。

习　题

一、选择题

1. 生产环境中职业性危害因素不包括_____。（　　）
　　A. 自然环境中的因素　　　　　　　　B. 厂房建筑或建筑不合理
　　C. 劳动组织和制度不合理　　　　　　D. 不合理生产过程所致危害

2. 下列粉尘中，_____的粉尘不可能发生爆炸。（　　）
　　A. 生石灰　　　　　B. 面粉　　　　　C. 煤粉　　　　　D. 铝粉

3. 在生产中，与生产过程有关而产生的粉尘，称为_____。（　　）
　　A. 生产性粉尘　　　B. 无机性粉尘　　C. 有机性粉尘　　D. 混合性粉尘

4. 生产性粉尘的危害程度与下列_____因素无关。（　　）
　　A. 理化性质　　　　B. 生物学作用　　C. 防尘措施　　　D. 地域

5. 下列_____措施是防止尘肺发生的根本措施。（　　）
　　A. 工程技术　　　　B. 个体防护　　　C. 教育培训　　　D. 加大处罚

6. 含游离二氧化硅 10% 以上的粉尘，称为_____。（　　）
　　A. 矽尘　　　　　　B. 石棉尘　　　　C. 电焊烟尘　　　D. 铸造尘

7. 危害最严重的粉尘是_____。（　　）
　　A. 煤尘　　　　　　B. 石墨尘　　　　C. 水泥尘　　　　D. 矽尘

8. 矽尘导致的职业病称为_____。（　　）
　　A. 矽肺　　　　　　B. 石棉肺　　　　C. 电焊工尘肺　　D. 其他尘肺

9. 各类企业中的电焊工，以造船厂、锅炉厂中密闭场所作业的电焊工最易发的职业病为_____。（　　）
　　A. 铝尘肺　　　　　B. 矽肺　　　　　C. 电焊工尘肺　　D. 铸工尘肺

10. 煤矿的采矿工、选煤工、煤炭运输工最易发的职业病为_____。（　　）
　　A. 矽肺　　　　　　B. 石棉肺　　　　C. 电焊工尘肺　　D. 煤工尘肺

11. 尘肺是由于吸入生产性粉尘引起的以肺的纤维化为主的_____。（　　）
　　A. 职业危害　　　　B. 职业病　　　　C. 职业危害因素　D. 传染病

12. 职业病是指企业、事业单位和个体经济组织的劳动者在职业活动中，因接触_____和其他有毒有害物质等因素而引起的疾病。（　　）
　　A. 粉尘、放射性物质　B. 有毒气体　　C. 有毒液体　　　D. 强迫体位

13. 陶瓷生产过程中最主要的职业危害因素是_____。（　　）
　　A. 噪声　　　　　　B. 振动　　　　　C. 毒物　　　　　D. 粉尘

14. 有毒作业宜采用低毒原料代替高毒原料。因工艺要求必须使用高毒原料时，应强化_____措施。（　　）

A. 降温   B. 密闭   C. 通风排毒   D. 隔离

15. 放散粉尘的生产过程，应首先考虑采用_____作业。（　　　　）

    A. 干式   B. 高温   C. 低温   D. 湿式

16. 急性苯中毒主要表现为对中枢神经系统的麻醉作用，而慢性中毒主要表现为对_____的损害。（　　　　）

    A. 呼吸系统   B. 消化系统   C. 造血系统   D. 神经系统

17. 引起煤气中毒的主要原因是超量_____气体。（　　　　）

    A. 一氧化碳   B. 一氧化氮   C. 二氧化碳   D. 二氧化硫

18. 根据生产性粉尘的性质可分为三类：无机性粉尘、有机性粉尘和_____。（　　　　）

    A. 刺激性粉尘   B. 剧毒性粉尘   C. 高电离性粉尘   D. 混合性粉尘

19. 纺织工厂存在的主要职业危害不包括_____。（　　　　）

    A. 粉尘   B. 有毒气体   C. 噪声   D. 振动

20. 下列_____物质可经皮肤进入人体损害健康。（　　　　）

    A. 汞   B. 尘土   C. 碳   D. 二氧化碳

二、判断题

1. 生产性的粉尘不会引起职业中毒。 （　　）

2. 生产性毒物主要经过消化道侵入人体。 （　　）

3. 职业危害因素的三个来源为环境因素、劳动过程中的有害因素和生产环境中的有害因素。 （　　）

4. 进入高噪声区工作时，需要戴护耳用具。 （　　）

5. 防止毒物危害的最佳方法是使用无毒或低毒的代替品。 （　　）

6. 职业中毒可分为急性中毒、慢性中毒、亚慢性中毒。 （　　）

7. 粉尘是职业病中影响面最广、危害最严重的一类疾病。 （　　）

8. 吸入石棉粉尘可引起呼吸系统肿瘤。 （　　）

9. 甲烷、二氧化碳和氮气等气体是单纯性窒息性气体。 （　　）

10. 悬浮于空气中的粉尘、烟、雾等微粒统称为气溶胶。 （　　）

三、简答题

1. 什么是职业病？职业病有哪些特点？

2. 什么是生产性粉尘？对人体有哪些危害？如何预防？

3. 什么是生产性噪声？对人体有什么危害？如何控制生产性的噪声对人体产生的危害？

4. 高温作业对人体有何危害？如何进行防护？

5. 什么是工业毒物？通常以何种途径进入人体？如何进行预防控制？

第六章　环境污染与处理

学习目标：

1. 了解人类与环境关系、生态系统的组成和环境污染对人体的危害。
2. 了解环境污染与生态平衡知识。
3. 熟悉化验室污染主要来源、空气净化方法和废弃物的处理。
4. 实验室空气污染、固体废物和废水污染来源及净化和处理方法。

第一节　人类与环境

一、人类与环境的关系

自然环境是人类生存、繁衍的物质基础；保护和改善自然环境，是人类维护自身生存和发展的前提。这是人类与自然环境关系的两个方面，缺少一个就会给人类带来灾难。

我们生活的自然环境，是地球的表层，由空气、水和岩石（包括土壤）构成大气圈、水圈、岩石圈，在这三个圈的交汇处是生物生存的生物圈。这四个圈在太阳能的作用下，进行着物质循环和能量流动，使人类（生物）得以生存和发展。

据科学测定，人体血液中的 60 多种化学元素的含量比例，同地壳各种化学元素的含量比例十分相似。这表明人是环境的产物。人类与环境的关系，还表现在人体的物质和环境中的物质进行着交换的关系。比如，人体通过新陈代谢，吸入氧气，呼出二氧化碳；喝清洁的水，吃丰富的食物，来维持人体的发育、生长和遗传，这就使人体的物质和环境中的物质进行着交换。如果这种平衡关系破坏了，将会危害人体健康。例如脾虚患者血液中铜含量显著偏高；肾虚患者血液中铁含量显著降低；氟含量过少会发生龋齿病，过多会发生氟斑牙。

二、环境污染对人体的危害

人类为了生存、发展，要向环境索取资源。早期，由于人口稀少，人类对环境没有什么明显影响和损害。在相当长的一段时间里，自然条件主宰着人类的命运。到了"刀耕火种"时代，人类为了养活自己并生存、发展下去，开始毁林开荒，这就在一定程度上破坏了环境。于是，出现了人为因素造成的环境问题。但因当时生产力水平低，对环境的影响还不大。

到了产业革命时期，人类学会使用机器以后，生产力大大提高，对环境的影响也就增大了。到本世纪，人类利用、改造环境的能力空前提高，规模逐渐扩大，创造了巨大的物质财富。据估算，现代农业获得的农产品可供养五十亿人口，而原始土地上光合作用产生的绿色植物及其供养的动物，只能供给一千万人的食物。由此可见，人类已在环境中逐渐处于主导地位。

但是，人类活动排放的各种污染，使环境质量下降或恶化。污染物通过各种媒介侵入人体，使人体各个器官组织功能失调，引发各种疾病，严重时导致死亡，这种状况成为"环境污染疾病"。例如 20 世纪 30～70 年代世界几次烟雾污染事件，都属于环境污染的事件。

第二节　环境污染与生态平衡

一、生态系统的构成

1. 生态系统的概念

生态系统是英国生态学家 Tansley 于 1935 年首先提出来的，指在一定的空间内生物成分和非生物成分通过物质循环和能量流动相互作用、相互依存而构成的一个生态学功能单位。它把生物及其非生物环境看成是互相影响、彼此依存的统一整体。生态系统不论是自然的还是人工的，都具下列共同特性。

① 生态系统是生态学上的一个主要结构和功能单位，属于生态学研究的最高层次。

② 生态系统内部具有自我调节能力。其结构越复杂，物种数越多，自我调节能力越强。

③ 能量流动、物质循环是生态系统的两大功能。

④ 生态系统是一个动态系统，要经历一个从简单到复杂、从不成熟到成熟的发育过程。

生态系统概念的提出为生态学的研究和发展奠定了新的基础，极大地推动了生态学的发展。生态系统生态学是当代生态学研究的前沿。

2. 生态系统的组成成分

生态系统有四个主要的组成成分，即非生物环境、生产者、消费者和分解者。

(1) 非生物环境　包括：气候因子，如光、温度、湿度、风、雨雪等；无机物质，如 C、H、O、N、CO_2 及各种无机盐等；有机物质，如蛋白质、碳水化合物、脂类和腐殖质等。

(2) 生产者　主要指绿色植物，也包括蓝绿藻和一些光合细菌，是能利用简单的无机物质制造食物的自养生物。在生态系统中起主导作用。

(3) 消费者　异养生物，主要指以其他生物为食的各种动物，包括植食动物、肉食动物、杂食动物和寄生动物等。

(4) 分解者　异养生物，主要是细菌和真菌，也包括某些原生动物和蚯蚓、白蚁、秃鹫等大型腐食性动物。它们分解动植物的残体、粪便和各种复杂的有机化合物，吸收某些分解产物，最终能将有机物分解为简单的无机物，而这些无机物参与物质循环后可被自养生物重新利用。

3. 生态系统的结构

生态系统的结构可以从两个方面理解。其一是形态结构，如生物种类，种群数量，种群的空间格局，种群的时间变化，以及群落的垂直和水平结构等。形态结构与植物群落的结构特征相一致，外加土壤、大气中非生物成分以及消费者、分解者的形态结构。其二为营养结构，营养结构是以营养为纽带，把生物和非生物紧密结合起来的功能单位，构成以生产者、消费者和分解者为中心的三大功能类群，它们与环境之间发生密切的物质循环和能量流动。

4. 生态平衡的建立

生态系统也像人一样，有一个从幼年期、成长期到成熟期的过程。生态系统发展到成熟阶段时，它的结构、功能，包括生物种类的组成、生物数量比例以及能量流动、物质循环，都处于相对稳定状态，这就叫做生态平衡。比如，水塘里的鱼靠浮游动植物生活，鱼死后，水里的微生物把鱼的尸体分解为化合物，这些化合物又成为浮游动植物的食物，浮游动物靠浮游植物为生，鱼又吃浮游动物。这样，在水塘里，微生物—浮游动植物—鱼之间建立了一定的生态平衡。

在一般情况下，成熟的生态系统内部物种越丰富，食物网就越复杂，物质循环和能量流动可以多渠道进行。如果某一环节受阻，其他环节可以起补偿作用。比如隼以兔、田鼠、麻雀、蛇为食物，当兔、蛇被捕杀，隼就转到吃麻雀、田鼠为主。当然，这种自我调节能力有一定限度，超过限度平衡就会遭到破坏，甚至导致生态危机。欧洲移民刚到澳大利亚时，发现那里青草茵茵，于是大力发展养牛。后来牛粪成灾，造成牧草退化，蝇类滋生，只得引进以粪便为食物的蜣螂，才使牧场恢复原貌。

二、破坏生态平衡的因素

影响生态平衡有自然和人为两种因素。破坏生态平衡的因素有自然的，也有人为的。自然因素指火山爆发、水旱灾害、地震、台风、流行病等自然灾害；人为因素主要指对资源的不合理开发利用造成的生态破坏，以及环境污染等问题。人为引起的生态平衡破坏主要有三种情况。

① 物种的改变。人为地使生态系统中某一种生物消失或往其中引进某一物种，都可能对整个生态系统造成影响。

② 环境因素的改变。大量污染物质进入环境，改变了生态系统的环境因素。

③ 信息系统的破坏。许多生物都能释放出某种信息素以驱赶天敌、排斥异种、繁衍后代等，假如信息系统受到干扰和破坏，就会改变种群的结构，使生态平衡遭到破坏。

三、环境污染对人体的危害

环境污染对人体的危害主要有以下三个方面：

（1）急性危害　污染物在短期内浓度很高，或者几种污染物联合进入人体可以对人体造成急性危害。

（2）慢性危害　慢性危害主要指小剂量的污染物持续地作用于人体产生的危害。如大气污染对呼吸道慢性炎症发病率的影响等。

（3）远期危害　环境污染对人体的危害，一般是经过一段较长的潜伏期后才表现出来，如环境因素的致癌作用等。

环境中致癌因素主要有物理、化学和生物学因素。物理因素，如放射线体外照射或吸入放射性物质引起的白血病、肺癌等。生物学因素，如热带性恶性淋巴瘤，已经证明是由吸血昆虫传播的一种病毒引起的。化学因素，根据动物实验证明，有致癌性的化学物质达 1100余种。另外，污染物对遗传有很大影响。一切生物本身都具有遗传变异的特性，环境污染对人体遗传的危害，主要表现在致突变和致畸作用。

四、环境污染与生态平衡

1. 毁林的恶果——洪旱灾害

森林是大自然的保护神。它的一个重要功能是涵养水源、保持水土。在下雨时节，森林可以通过林冠和地面的残枝落叶等物截住雨滴，减轻雨滴对地面的冲击，增加雨水渗入土地的速度和土壤涵养水分的能力，减小降雨形成的地表径流；林木盘根错节的根系又能保护土壤，减少雨水对土壤的冲刷。如果土壤没有了森林的保护，便失去了涵养水分的能力，大雨一来，浊流滚滚，人们花几千年时间开垦的一层薄薄的土壤，被雨水冲刷殆尽。这些泥沙流入江河，进而淤塞水库，使其失去蓄水能力。森林涵养水源，降雨量的 70% 要渗流到地下，如果没有森林，就会出现有雨洪水泛滥，无雨干旱成灾的状况。

2. 合理开发利用自然资源

合理开发利用自然资源，是环境保护的重要措施之一。

自然资源可分为三大类：一是生态资源（恒定资源），如光、热、水、风力、潮汐等；二是生物资源（可再生资源或可更新资源），如动物、植物、微生物、土壤等；三是矿产资源（不可再生资源或不可更新资源），如天然气、煤炭、石油等。

自然资源是人类生产和生活资料的基本来源，是社会文明发展的前提和基础。如果资源退化了，枯竭了，就要阻碍生产的发展。采矿工业如果实行盲目开采，就会带来矿产资源枯竭。一个人不能离开水、空气、阳光、土地等，这些资源一旦缺少，就会给人类的生存和发展带来威胁。

我国自然资源虽然总量较多，但人均占有量少。如矿产资源潜在价值居世界第三位，可是每人的占有量却低于很多国家。又如水资源，每人平均仅 2700m³，大大低于世界每人平均 11000m³ 的占有量。再如占有林地，人均只有 1.7 亩，而世界人均占有林地面积是 15.5 亩。

开发利用自然资源，势必要影响和改变环境；同时，我国保护生态环境的能力较低，又影响了自然资源的开发利用。例如，人类对土地资源的开发利用，如果不符合当地的生态环境特点，生态平衡就会遭到破坏，出现严重的自然灾害。

对资源的合理开发利用，就是对环境的最好保护。对此，人们必须树立正确的观点，认识到自然资源的有限性。就某一种资源来说，在一定条件和一定时期内，并不是取之不尽、用之不竭的。有人估计，如果世界各国都仿照美国消耗矿物，那么，世界的锌半年耗尽，石油 7 年耗尽，天然气 5 年耗尽，铜矿 9 年耗尽，铅矿 4 年耗尽。所以，珍惜各种自然资源，是全人类的责任。

3. 保护大地的绿色屏障

森林是大自然的清洁工。在保护环境方面，森林的生态效益大大高于直接经济效益。芬兰一年生产价值 17 亿马克的木材，而森林的生态效益提供的价值达 53 亿马克。美国森林直接提供的价值和生态效益的价值之比是 1:9。

森林是制造氧气的"工厂"。据测定，一亩森林一般每天产生氧气 48.7kg，能满足 65 个人一天的需要。森林能够吸收有害物质。1hm² 的柳杉林，每个月可吸收二氧化硫 60kg；女贞、丁香、梧桐、垂柳、桧柏、洋槐等对减轻氟化氢有很好的作用。森林能够保持水土。20cm 厚的表土层，如果被雨水冲刷干净，林地需 57.7 万年，草地要 8.2 万年，耕地是 46 年，裸地为 18 年。这说明，缺少森林植被会使土壤侵蚀加剧。森林能涵养水源。树冠像一把张开的伞，可以截留 10%～20% 的雨量。5 万亩森林的储水量，相当于一个 $100 \times 10^4 m^3$ 的小型水库。我国一向有"山上多栽树，等于修水库"的说法。树木好像抽水机一样，能吸收土壤中的水分，通过蒸腾作用，洒到大气环境中去。一亩杉木林在每年的生长季节，可蒸腾 170t 水。在同一纬度相同面积的情况下，森林比海洋蒸发的水分多一半。此外，树木还能防风固沙、降低噪声。

然而，长期以来人们只想到了利用森林植被的一面，忽视了保护的一面，由于滥伐森林造成严重的水土流失。我国的黄土高原，历史上曾是"翠柏烟峰，清泉灌顶"，森林覆盖率在西周时期达53%。现在森林被毁，高原被流水切割得支离破碎，水土流失极为严重。每年从三门峡下泄的泥沙平均达16亿吨，带走的氮、磷、钾肥分别约4千多万吨，相当于我国化肥年产量的近四倍。森林减少又导致沙漠化土地日益扩大。现在，全世界每年有6万平方千米的土地沦为沙漠。按照这个发展速度，到2000年，全世界沙漠化土地将扩大20%，耕地将损失1/3。森林减少也使气候恶化，灾情剧增，农业减产。

因此，我们一方面要植树造林，不断扩大森林植被面积，另一方面要保护好现有的森林资源，让森林成为大地的绿色屏障，在实现自然生态的良性循环中发挥重要作用。

4. 保护珍贵的野生动物

野生动物是一种珍贵的自然资源，是人类的宝贵财富。野生动物为我们提供了大量的食物、医药以及皮革一类的工业原料；渔业发展离不开水生动物，它们是我们生活中动物蛋白质的重要来源；如果没有益鸟、益虫的保护，农业生产也难以正常进行。

为人类提供肉食和奶类的家禽家畜只有几十种，而地球上的动物种类至少有100万种，为我们提供了能充分开发利用的资源。野生癞蛤蟆由于肉味异常鲜美，已经成了智利人民的佳肴；中美洲和南美洲出产的水豚，可以养到猪一般大，成了委内瑞拉人民食用的牛肉的代用品。

丰富多彩的野生动物是一个庞大无比的天然"基因库"，它可以为我们培育新品种提供多种多样的自然种源。许多野生动物还是仿生学的起点。如响尾蛇导弹，是受响尾蛇用热定位器捕捉猎物的启发，制成的一种红外制导导弹。

第三节 实验室污染的主要来源

随着我国科学技术的发展，对各类实验室的需求越来越多，各学科的重点实验室、各学校、各系统内的重点实验室层出不穷。从实验室的分布来看，主要集中在学校（包括各高等院校和中学学校）、科研机构、检测机构和企业中的检验研究部门。企业实验室的污染问题可归纳为企业的环保问题，易于被各级部门重视，企业在处理自身的环保问题时，污染问题也得到相应的处理。而各类实验多为相对独立的行政单位，区域分散，污染少，易于被忽视。

据统计，我国目前拥有各类高等院校1100所，普通高中1.5万所，初中6.3万所。科研院所、质检、卫生防疫、环境监测、农林等各级检验机构近20000余个，已成为一个庞大的系统。实验室实际上是一类典型的小型污染源，建设的越多，污染的越大。这些实验室，尤其是在城区和居民区的实验室对环境的危害特别大，因为很多实验室的下水道与居民的下水道相通，污染物通过下水道形成交叉污染，最后流入河中或者渗入地下，其危害不可估量。科学工作者或者未来的科学工作者成了环境的污染者，令人十分遗憾。环境保护是事关可持续发展经济的大战略。在环保面前人人平等，必须本着"谁污染环境，谁负责处理"的原则贯彻执行。实验室的成本核算和对外收费都应包括实验室的环保费用在内。

一、实验室环境污染种类及危害

1. 按污染性质分

（1）化学污染 化学污染包括有机物污染和无机物污染。有机物污染主要是有机试剂污染和有机样品污染。在大多数情况下，实验室中的有机试剂并不直接参与发生反应，仅仅起溶剂作用，因此消耗的有机试剂以各种形式排放到周边的环境中，排放总量大致就相当于试剂的消耗量。日复一日，年复一年，排放量十分可观。有机样品污染包括一些剧毒的有机样品，如农药、苯并 [a] 芘、黄曲霉毒素、亚硝胺。无机物污染有强酸、强碱的污染，重金属污染，氰化物污染等。其中汞、砷、铅、镉、铬等重金属的毒性不仅强，且有在人体中有蓄积性。

（2）生物性污染　生物污染包括生物废弃物污染和生物细菌毒素污染。生物废弃物有检验实验室的标本，如血液、尿、粪便、痰液和呕吐物等；检验用品，如实验器材、细菌培养基和细菌阳性标本等。开展生物性实验的实验室会产生大量高浓度含有害微生物的培养液、培养基，如未经适当的灭菌处理而直接外排，会造成严重后果。生物实验室的通风设备设计不完善或实验过程个人安全保护漏洞，会使生物细菌毒素扩散传播，带来污染，甚至带来严重不良后果。2003 年非典流行肆虐后，许多生物实验室加强对 SARS 病毒的研究，之后报道的非典感染者，多是科研工作者在实验室研究时被感染的。

（3）放射性污染物　放射性物质废弃物有放射性标记物、放射性标准溶液等。

2. 按污染物形态分

（1）废水　实验室产生的废水包括多余的样品、标准曲线及样品分析残液、失效的储藏液和洗液、大量洗涤水等。几乎所有的常规分析项目都不同程度存在着废水污染问题。这些废水中成分包罗万象，包括最常见的有机物、重金属离子和有害微生物等及相对少见的氰化物、细菌毒素、各种农药残留、药物残留等。

（2）废气　实验室产生的废气包括试剂和样品的挥发物、分析过程中间产物、泄漏和排空的标准气和载气等。通常实验室中直接产生有毒、有害气体的实验都要求在通风橱内进行，这固然是保证室内空气质量、保护分析人员健康安全的有效办法，但也直接污染了环境空气。实验室废气包括酸雾、甲醛、苯系物、各种有机溶剂等常见污染物和汞蒸气、光气等较少遇到的污染物。

（3）固体废物　实验室产生的固体废物包括多余样品、分析产物、消耗或破损的实验用品（如玻璃器皿、纱布）、残留或失效的化学试剂等。这些固体废物成分复杂，涵盖各类化学、生物污染物，尤其是不少过期失效的化学试剂，处理稍有不慎，很容易导致严重的污染事故。

二、解决实验室污染的措施

1. 提高认识，制定技术规范

各级实验室都需要进一步提高对实验室环境污染问题的认识，不能回避，听之任之，而是应该根据本实验室工作的特点、重点，积极探索，想方设法减少实验室污染。国家有关部门也应认真研究实验室的污染特点和防治途径，提出操作性强、简便实用的技术规范，并出台相应的考核要求及办法。最好是融入实验室的建设和验收中去，使之成为能力建设的一部分，从而有利于贯彻落实各项实验室环境污染的防治措施。

2. 建立实验室环境管理体系

实验室在能力建设、质量管理的同时，还要建立完备的实验室环境管理体系。按照 ISO 14001 环境管理体系的理念和要求，全面考察实验分析的各个方面，制定相应的程序文件，规范实验室环境行为，充分贯彻 ISO 14001 一贯强调的污染预防和持续改进的基本要求，力争减小每一个过程的环境影响，从而不断提升实验室管理水平。

3. 全面推行绿色化学、清洁实验

（1）选择污染少的分析方法　在保证实验效果的前提下，用无毒害、无污染或低毒害、低污染的试剂替代毒性较强的试剂，尽量用无毒、低毒试剂替代高毒试剂。在一些特定实验要用到高毒性药品时，一定要用封闭的收集桶收集废液。

（2）成立试剂调度网络　过期、失效的化学试剂的处理是世界性的难题。各实验室可以合作成立区域性的试剂调度网，选择一部分危害大，用量少，易失效的试剂进入网络，实行实验室间资源共享，尽量避免大批化学试剂失效，也可节约实验成本。

（3）加强地区中心实验室的功能　现行的管理体制使各级行政部门都拥有各自小而全的实验室，既浪费了大量资源，又不利于环境保护。应发挥地区中心实验室的作用，集中部分项目，对社会开发。从而达到资源共享，相对降低实验室污染物的排放，对污染相对大的实验室有利于集中治理。

（4）一些行之有效的清洁实验行为的实例　在满足实验要求的情况下，适当降低采样量；不要购买暂时用不上的试剂；尽量利用可回收的试剂；应使用可降解的无磷洗涤剂；使用酒精温度计从而避免水银温度计可能带来的汞污染。

三、国内外实验室污染治理的现状

在国外，有专门的实验室废弃物处理站来集中收集处理。实验室废弃物集中处理站的管理规范、严格，安全环境保护意识极强。专门地点集中、专门房间、专门容器存放，专门人员管理，严格分区、分类，集中送特殊废品处理场处理。各种废弃物由各实验室分类上交后，处理站要对交来废弃物称重后将信息存进计算机，再分类放到规定地方集中。例如，报废放射源、废机油、报废化学试剂、化学合成"三废物"、化学品废弃容器等都分类存放。

废弃物集中处理站设计内容周密，设施完备先进，安全可靠。为防止集中后的地下渗漏二次污染，设计时将处理站地下全部用水泥整体浇注。危险化学品、放射源存放在专门房间，还有安全监控、排风系统。

废弃物集中处理站的费用由政府每年的经费预算中列支。另一方面，可回收废品被收购后所得资金则用于废弃物集中处理站的进一步发展。

目前我国对实验室的污染排放并没有专门的规定，一般参照企业的污染排放标准。实验室在建设或认可验收时会对实验室的废弃物排放提出要求。如气体实验在通风处做，废弃物由专门的环保公司回收等。由于实验室污染种类齐全，情况复杂，多数项目产生的污染量较小，缺乏相应资金，操作起来存在着相当难度，给污染治理带来一定困难。目前除少数一些环保意识强的实验室，没有直接排放废弃物外，多数实验室仅仅把环保放在口头上，废弃物回收协议签在纸上，大量的废弃物仍然直接排放。

由于实验室大多数项目只是零星开展，各项目之间的工作频次不均匀，废弃物排放物无规律，污染分散，这些也给环保部门监控带来困难。一些环保措施的后处理没有完善，如残液缸满后如何处理，都是一个棘手的问题。

第四节　实验室空气净化

在保证实验效果的前提下，用无毒害、无污染或低毒害、低污染的试剂替代毒性较强的试剂，尽量用无毒、低毒试剂替代高毒试剂。在一些特定实验要用到高毒性药品时，一定要

用封闭的收集桶收集废液。

学校在进行教育实验中，还要特别注意发挥教学多媒体的作用。教学多媒体是知识经济的产物，它是信息社会的标志之一，在实验教学中，计算机辅助教学模拟化学实验（仿真实验）是一种化学试剂和仪器装置"零投入"和"废弃物零排放"的特殊实验方式，它非常适合于演示实验。因为演示实验主要是用于培养学生的观察能力和用于模仿而不是训练动手操作能力的。某些毒害较大的化学实验也可以采用这种方式，从而可防止为了学习一点儿知识而付出高昂的环境代价的做法。

一、改进实验条件，开展推广微型实验

在实验中改善实验装置，是有效防止有毒气体逸散、有毒液体外溢的重要举措。一些商品化实验装置的产生可以大大减少实验中化学试剂的用量。

微型实验是指在微型化的仪器装置中进行的实验，其试剂用量是常规实验的数十分之一至千分之一。因此，开设微型实验，是节约药品，减少开支，降低实验污染的简便方法。改进实验方法，可以减少试剂使用量。在农残检测中利用固相萃取取代传统的液液萃取，可以大大减少乙腈等有毒试剂的使用，减少污染。

二、加强地区中心实验室的功能

现行的管理体制使各级行政部门都拥有各自小而全的实验室，既浪费了大量资源，又不利于环境保护。应发挥地区中心实验室的作用，集中部分项目，对社会开放。从而达到资源共享，相对降低实验室污染物的排放，对污染相对大的实验室有利于集中治理。

第五节　实验室废弃物的处理

为防止实验室的污染扩散，污染物的一般处理原则为：分类收集、存放，分别集中处理。尽可能采用废物回收以及固化、焚烧处理，在实际工作中选择合适的方法进行检测，尽可能减少废物量、减少污染。废弃物排放应符合国家有关环境排放标准。

一、化学类废物

一般的有毒气体可通过通风橱或通风管道，经空气稀释排出。大量的有毒气体必须通过与氧充分燃烧或吸收处理后才能排放。

废液应根据其化学特性选择合适的容器和存放地点，通过密闭容器存放，不可混合储存，容器标签必须标明废物种类、储存时间，定期处理。一般废液可通过酸碱中和、混凝沉淀、次氯酸钠氧化处理后排放，有机溶剂废液应根据性质进行回收。

（1）含汞废液的处理　排放标准为废液中汞的最高容许排放浓度为 0.05mg/L（以 Hg 计）。处理方法：

① 硫化物共沉淀法：先将含汞盐的废液的 pH 调至 8～10，然后加入过量的 Na_2S，使其生成 HgS 沉淀。再加入 $FeSO_4$（共沉淀剂），与过量的 S^{2-} 生成 FeS 沉淀，将悬浮在水中难以沉淀的 HgS 微粒吸附共沉淀。然后静置、分离，再经离心、过滤，滤液的含汞量可降至 0.05mg/L 以下。

② 还原法：用铜屑、铁屑、锌粒、硼氢化钠等作还原剂，可以直接回收金属汞。

（2）含镉废液的处理

① 氢氧化物沉淀法：在含镉的废液中投加石灰，调节 pH 至 10.5 以上，充分搅拌后放置，使镉离子变为难溶的 $Cd(OH)_2$ 沉淀。分离沉淀，用双硫腙分光光度法检测滤液中的镉离子后（降至 0.1mg/L 以下），将滤液中和至 pH 约为 7，然后排放。

② 离子交换法：利用 Cd^{2+} 比水中其他离子与阳离子交换树脂有较强的结合力，优先交换。

（3）含铅废液的处理　在废液中加入消石灰，调节 pH 大于 11，使废液中的铅生成 $Pb(OH)_2$ 沉淀。然后加入 $Al_2(SO_4)_3$（凝聚剂），将 pH 降至 7～8，则 $Pb(OH)_2$ 与 $Al(OH)_3$ 共沉淀，分离沉淀，达标后，排放废液。

（4）含砷废液的处理　在含砷废液中加入 $FeCl_3$，使 Fe/As 达到 50，然后用消石灰将废液的 pH 控制在 8～10。利用新生氢氧化物和砷的化合物共沉淀的吸附作用，除去废液中的砷。放置一夜，分离沉淀，达标后，排放废液。

（5）含酚废液的处理　酚属剧毒类细胞原浆毒物。处理方法：低浓度的含酚废液可加入次氯酸钠或漂白粉煮一下，使酚分解为二氧化碳和水。如果是高浓度的含酚废液，可通过醋酸丁酯萃取，再加少量的氢氧化钠溶液反萃取，经调节 pH 值后进行蒸馏回收。处理后的废液排放。

（6）综合废液处理　用酸、碱调节废液 pH 为 3～4、加入铁粉，搅拌 30min，然后用碱调节 pH 为 9 左右，继续搅拌 10min，加入硫酸铝或碱式氯化铝混凝剂进行混凝沉淀，上清液可直接排放，沉淀按废渣方式处理。

二、生物类废物

生物类废物应根据其病源特性、物理特性选择合适的容器和地点，专人分类收集进行消毒、烧毁处理，日产日清。

液体废物一般可加漂白粉进行氯化消毒处理。固体可燃性废物分类收集、处理一律及时焚烧。固体非可燃性废物分类收集，可加漂白粉进行氯化消毒处理。满足消毒条件后作最终处置。

（1）一次性使用的制品如手套、帽子、工作服、口罩等使用后放入污物袋内集中烧毁。

（2）可重复利用的玻璃器材如玻璃片、吸管、玻璃瓶等可以用 1000～3000mg/L 有效氯溶液浸泡 2～6h。然后清洗重新使用，或者废弃。

（3）盛标本的玻璃、塑料、搪瓷容器可煮沸 15min，或者用 1000mg/L 有效氯漂白粉澄清液浸泡 2～6h，消毒后用洗涤剂及流水刷洗、沥干；用于微生物培养的，用压力蒸汽灭菌后使用。

（4）微生物检验接种培养过的琼脂平板应压力灭菌 30min，趁热将琼脂倒弃处理。

（5）尿、唾液、血液等生物样品，加漂白粉搅拌后作用 2～4h，倒入化粪池或厕所，或者进行焚烧处理。

三、放射性废物

一般实验室的放射性废物为中低水平放射性废物，将实验过程中产生的放射性废物收集在专门的污物桶内，桶的外部标明醒目的标志，根据放射性同位素的半衰期长短，分别采用储存一定时间使其衰变和化学沉淀浓缩或焚烧后掩埋处理。

（1）放射性同位素的半衰期短（如碘 131、磷 32 等）的废弃物，用专门的容器密闭后，放置于专门的储存室，放置十个半衰期后排放或者焚烧处理。

（2）放射性同位素的半衰期较长（如铁 59、钴 60 等）的废弃物，液体可用蒸发、离子交换、混凝剂共沉淀等方法浓缩，装入容器集中埋于放射性废物坑内。

习　题

一、选择题

1. 人类的生存最离不开的是（　　）。
   A. 大气　　　　　　B. 水　　　　　　C. 自然环境　　　　D. 社会环境
2. 生态系统的生产者是指（　　）。
   A. 人类　　　　　　B. 植物　　　　　C. 动物　　　　　　D. 菌类
3. 下列不属于化学污染的是（　　）。
   A. 细菌　　　　　　B. 酸类　　　　　C. 射线　　　　　　D. 农药
4. 下列不能用于还原汞的物质是（　　）。
   A. 金　　　　　　　B. 铜　　　　　　C. 铁　　　　　　　D. 锌

二、判断题

1. 自然环境是人类生存、繁衍的物质基础。　　　　　　　　　　　　　　（　　）
2. 保护和改善社会环境，是人类维护自身生存和发展的前提。　　　　　（　　）
3. 程度很小的环境污染对人类不会造成危害。　　　　　　　　　　　　（　　）
4. 生态系统只有物质循环而无能量循环。　　　　　　　　　　　　　　（　　）
5. 生物污染包括生物废物污染和生物细菌毒素污染。　　　　　　　　　（　　）
6. 为了减少实验室污染，可以不做化学实验。　　　　　　　　　　　　（　　）
7. 放射性废物无法处理。　　　　　　　　　　　　　　　　　　　　　（　　）
8. 生物类废物可通过灭菌的方法处理。　　　　　　　　　　　　　　　（　　）

三、简答题

1. 简述人类和环境的关系。
2. 简述生态系统的构成。
3. 影响生态平衡的因素有哪些？
4. 环境污染对人体有什么危害？
5. 简述环境污染对生态平衡的影响。
6. 实验室污染物有哪些？
7. 如何减少实验室污染？
8. 实验室净化空气的方法有哪些？
9. 如何处理实验室的废弃物？

第七章　环境保护措施与可持续发展

学习目标：

1. 了解环境立法与管理知识。
2. 了解环境监测与环境评价的常识。
3. 了解环境保护与可持续发展的常识。

第一节　环境管理与立法

环境管理是环境科学的一个重要分支也是一个工作领域，是环境保护工作的重要组成部分。它是指各级人民政府的环境管理部门运用经济、法律、技术、行政、教育等手段，限制人类损害环境质量的行为，通过全面规划使经济发展与环境相协调，达到既要发展经济满足人类的基本需求，又不超出环境的允许极限，达到保护环境的目的和人类的持续发展。

一、中国环境管理的发展历程

中国环境管理工作是在 1972 年之后，特别是十一届三中全会和第二次全国环境保护工作会议之后才得到迅速发展，并取得了很大成就。

（1）创建阶段　1972 年，中国环境代表团参加了在斯德哥尔摩召开的联合国"人类环境会议"。第一次提出了"全面规划、合理布局、综合利用、化害为利、依靠群众、大家动手、保护环境、造福人民"的 32 字环境保护工作方针。1979 年 3 月，在成都召开的环境保护工作会议，提出了"加强全面环境管理，以管促治"；同年 9 月，公布了《中华人民共和国环境保护法（试行）》，使环境管理在理论和实践方面不断深入。1980 年 3 月，在太原市召开了中国环境管理、环境经济与环境法学学会成立大会，提出"要把环境管理放在环境保护工作的首位"。

（2）开拓阶段　1983 年底召开的第二次全国环境保护会议，制定了我国环境保护事业的大政方针：一是明确提出环境保护是我国的一项基本国策；二是确定了"经济建设、城乡建设、环境建设同步规划、同步实施、同步发展，实现经济效益、社会效益和环境效益相统一"的环保战略方针；三是把强化环境管理作为环境保护的中心环节。从此，中国的环境管理进入崭新的发展阶段，首先是环境政策体系初步形成；其次是环境保护法规体系初步形成；再是初步形成了我国的环境标准体系。在这一阶段，环境管理组织体系基本建成，管理机构的职能得到加强，并开始进行环境管理体系的改革。

（3）改革创新阶段　1989 年 4 月底、5 月初召开的第三次全国环境保护会议明确提出："努力开拓有中国特色的环境保护道路"。1992 年联合国召开的环境与发展大会，对人类必须转变发展战略、走可持续发展道路取得了共识。在新的形势下，我国环境管理发生了突出变化：

① 环境管理由末端管理过渡到全过程管理；

② 由以浓度控制为基础过渡到总量控制为基础的环境管理；

③ 环境管理走向法制化、制度化、程序化。

1996 年 7 月，第四次全国环境保护会议提出了《"九五"期间全国主要污染物排放总量控制计划》和《跨世纪绿色工程规划》两项重大举措。1997～1999 年，中央就人口、资源和环境问题多次召开座谈会，强调：环境保护工作必须党政一把手"亲自抓、负总责"，做到责任到位、投入到位、措施到位；建立和完善环境与发展综合决策制度、公众参与制度、统一监管和分工负责、环保投入制度。使宏观环境管理通过决策、规划协调发展与环境的关系，进一步明确环境保护是可持续发展的关键，为环境管理的发展开拓了一个更为广阔的天地。

二、环境管理的内容

1. 从环境管理的范围划分可分为资源管理、企业管理和部门管理

① 资源管理：包括可更新资源的恢复和扩大再生产及不可更新资源的合理利用。资源管理措施主要是确定资源的承载力，资源开发时空条件的优化，建立资源管理的指标体系、规划目标、标准、体制、政策法规和机构等。

② 区域环境管理：主要协调区域的经济发展目标与环境目标，进行环境影响预测，制定区域环境规划，进行环境质量管理与技术管理，按阶段实现环境目标。

③ 部门环境管理：包括能源环境管理、工业环境管理、农业环境管理、交通运输环境管理、商业和医疗等部门环境管理以及企业环境管理。

2. 从环境管理的性质来划分包括环境计划管理、环境质量管理、环境技术管理

① 环境计划管理：通过计划协调发展与环境的关系，对环境保护加强计划指导。制定环境规划，使之成为整个经济发展规划的必要组成部分，用规划内容指导环境保护工作。

② 环境质量管理：包括对环境质量现状和未来环境质量进行管理。

③ 环境技术管理：以可持续发展为指导思想，制定技术发展方向、技术路线、技术政策，制定清洁生产工艺和污染防治技术，制定技术标准、技术规程等协调技术发展与环境保护的关系。

三、环境管理的基本职能

环境管理的对象是"人类—环境"系统，工作领域如前所述非常广阔，涉及各行各业和各个部门。通过预测和决策，组织和指挥，规划和协调，监督和控制，教育和鼓励，保证在推进经济建设的同时，控制污染，促进生态良性循环，不断改善环境质量。

1. 宏观指导

政府的主要职能就是加强宏观指导调控功能。环境管理部门宏观指导职能主要体现在政策指导、目标指导、计划指导等方面。

2. 统筹规划

这是环境管理中一项战略性的工作，通过统筹规划，实现人口、经济、资源和环境之间的关系相互协调平衡。环境规划既对国家的发展模式和方式、发展速度和发展重点产业结构等产生积极的影响，又是环保部门开展环境管理工作的纲领和依据。主要包括环境保护战略的制定、环境预测、环境保护综合规划和专项规划的内容。

3. 组织协调

环保部门的一条重要职能就是参与或组织各地区、各行业、各部门共同行动，协调相互

关系。其目的在于减少相互脱节和相互矛盾，避免重复，建立一种上下左右的正常关系，以便沟通联系，分工合作，统一步调，积极做好各自的环保工作，带动整个环保事业的发展。其内容包括环境保护法规的组织协调、政策方面的协调、规划方面的协调和环境科研方面的协调。

4. 监督检查

环保部门实施有效的监督把一切环境保护的方针、政策、规划等变为人们的实际行动，才是一种健全的、强有力的环境管理。在方式上有联合监督检查、专项监督检查、日常的现场监督检查、环境监测等。通过这些方式才能对环保法律法规的执行、环保规划的落实、环境标准的实施、环境管理制度的执行等情况检查、落实。

5. 提供服务

环境管理服务职能是为经济建设、为实现环境目标创造条件，提供服务。在服务中强化监督，在监督中搞好服务。服务内容包括技术服务、信息咨询服务、市场服务。

四、环境保护法

国家为了协调人类与环境的关系，保护和改善环境，以保护人民健康和保障经济社会的持续、稳定发展而制定的环境保护法，是调整人们在开发利用、保护改善环境的活动中所产生的各种社会关系的法律规范的总和。

环境保护法是由于人类与环境之间的关系不协调影响乃至威胁着人类的生存与发展而产生的。《中华人民共和国环境保护法》第一条规定："为保护和改善生活环境与生态环境，防治污染和其他公害，保障人体健康，促进社会主义现代化建设的发展，制定本法"。这一条说明环保法的目的任务。其直接目的是协调人类与环境之间的关系，保护和改善生活环境和生态环境，防治污染和公害；最终目的是保护人民健康和保障经济社会持续发展。

1. 环境保护法的作用

（1）环境保护法是保证环境保护工作顺利进行的法律武器　进行社会主义现代化建设，必须同时搞好环境建设，这是一条不以人们意志为转移的客观规律。发展经济必须兼顾环境保护，谁违反这一规律，谁就会受到严厉的惩罚。但不是所有的人都认同和承认这个道理，因此需要在采取科学技术、行政、经济等措施的同时以强有力的法律手段，把环境保护纳入法制的轨道。中国 1989 年正式颁布了《中华人民共和国环境保护法》，使人们在环境保护工作中有法可依，有章可循。

（2）环境保护法是推动环境保护领域中法制建设的动力　环境保护法是中国环境保护的基本法，它明确了我国环境保护的战略、方针、政策、基本原则、制度、工作范围和机构设置、法律责任等问题。这些都是环保工作中根本性问题，为制定各种环境保护单行法规及地方环境保护条例等提供了直接法律依据。如我国先后制定并颁布了《中华人民共和国大气污染防治法》、《中华人民共和国水污染防治法》、《中华人民共和国固体废物污染环境防治法》、《中华人民共和国噪声污染防治法》、《中华人民共和国海洋环境保护法》、《建设项目环境保护管理条例》、《危险化学品安全管理条例》等法律、行政法规等文件，各省、自治区、直辖市也根据环境保护法制定了许多地方性的环境保护条例、规定、办法等。由此可见，环境保护法的颁布执行，极大地推动了我国环境保护领域中的法制建设。

（3）环境保护法增强了广大干部群众的法制观念　环境保护法的实施，从法律高度向全国人民提出了要求，所有企事业单位、人民团体、公民都要加强法制观念，大力宣传、严格执行环境保护法。做到发展经济、保护环境，统筹兼顾，协调前进，有法必依、执法必严，保护环境、人人有责。

（4）环境保护法是维护我国环境权益的重要工具　宏观来讲，环境是没有国界之分的。某国的污染可能会造成他国的环境污染和破坏，这就涉及国家之间的环境权益的维护和环境保护的协调问题。依据我国所颁布的一系列环境保护法律、法规，就可以保护我国的环境权益。

2. 环境保护法的特点

鉴于环境保护法的任务和内容与其他法律有所不同，环境保护法有其自己的特点。

① 科学性　环境保护法将自然界的客观规律特别是生态学的一些基本规律及环境要素的演变作为自己的立法基础，它包含了大量的反映这些客观规律的科学技术性规范。

② 综合性　由于环境保护包括围绕在人群周围的一切自然要素和社会要素，所以保护环境必然涉及整个自然环境和社会环境，涉及全社会的各个领域以及社会生活的各个方面。环境保护法所要保护的是由各种要素组成的统一的整体，因此它必然体现出综合性以及复杂性，是一个十分庞大而综合的体系。

③ 共同性　环境问题产生的原因，不论任何国家都大同小异，解决环境问题的理论根据、途径和办法也有很多相似之处。各国环境保护法有共同的立法基础，共同的目的，因而有许多共同的规定。这就使得世界各国在解决本国和全球环境问题时有许多共同的语言。

五、环境标准

环境标准是国家为了保护人民的健康、促进生态良性循环，根据环境政策法规，在综合分析自然环境特点、生物和人体的耐受力、控制污染的经济能力和技术可行的基础上，对环境中污染物的允许含量及污染源排放污染物的数量、浓度、时间和速率所做的规定。它是环境保护工作技术规则和进行环境监督、环境监测、评价环境质量、设施和环境管理的重要依据。

1. 环境标准的种类

按适用范围可分为国家标准、地方标准和行业标准。按环境要素可分为大气控制标准、水质控制标准、噪声控制标准、固体废物控制标准和土壤控制标准。

按标准的用途可分为环境质量标准、污染物排放标准、污染物检测技术标准、污染物警报标准和基础方法标准等。

2. 中国环境标准体系

根据环境标准的适用范围、性质、内容和作用，我国实行三级五类标准体系。三级是国家标准、地方标准和行业标准；五类是环境质量标准、污染物排放标准、方法标准、样品标准和基础标准。

第二节　环境监测

环境监测是为了特定目的，按照预先设计的时间和空间，用可以比较的环境信息和资料收集的方法，对一种或多种环境要素或指数进行间断或连续的观察、测定、分析其变化及对环境影响的过程。环境监测是开展环境管理和环境科学研究的基础，是制定环境保护法规的重要依据，是搞好环保工作的中心环节。

一、环境监测的意义和作用

环境质量的变化受着多种因素的影响，例如企业在生产过程中，由于受工艺、设备、原材料和管理水平等因素的限制，产生"三废"以及其他污染物或因素，它们引起环境质量下降。这些因素可用一定的数值来描述，如有害物质的浓度、排放量、噪声级和放射性强度等。环境监测就是测定这些值，并与相应的环境标准相比较，以确定环境的质量或污染状况。

对于企业来说，为了防止和减少污染物对环境的危害，掌握环境质量的转化动态，强化内部环境管理，必须依靠环境监测，这是企业环境管理和污染防治工作的重要手段和基础。其主要作用体现在以下几个方面。

① 断定企业周围环境质量是否符合各类、各级环境质量标准，为企业环境管理提供科学依据。如掌握企业各种污染源中污染物浓度、排放量，断定其是否达到国家或地方排放标准，是否应缴纳排污费，是否达到上级下达的环境考核指标等，同时为考核、评审环保设施的效率提供可靠数据。

② 为新建、改建、扩建工程项目执行环保设施"三同时"和污染治理工艺提供设计参数，参加治理设施的验收，评价治理设施的效率。

③ 为预测企业环境质量，判断企业所在地区污染物迁移、转化、扩散的规律，以及在时空上的分布情况提供数据。

④ 收集环境本底及其转化趋势的数据，积累长期监测资料，为合理利用自然资源即"三废"综合利用提出建议。

⑤ 对处理事故性污染和污染纠纷提供科学、有效的数据。

总之，环境监测在企业环境保护工作中发挥着调研、监察、评价、测试等多项作用，是环境保护工作中的一个不可缺少的组成部分。

二、环境监测的目的和任务

（1）评价环境质量，预测环境质量变化趋势。

① 提供环境质量现状数据，判断是否符合国家制定的环境质量标准。

② 掌握环境污染物的时空分布特点，追踪污染途径，寻找污染源，预测污染的发展方向。

③ 评价污染治理的实际效果。

（2）为制定环境法规、标准、环境规划、环境污染综合防治对策提供科学依据。

① 积累大量的不同地区的污染数据，依据科学技术和经济水平，制定切实可行的环境保护法规和标准。

② 根据监测数据，预测污染的发展趋势，为作出正确的决策、制定环境规划提供可靠的资料。

（3）收集环境本底值及其变化趋势数据，积累长期监测资料，为保护人类健康和合理使用自然资源以及为确切掌握环境容量提供科学依据。

（4）揭示新的环境问题，确定新的污染因素，为环境科学研究提供方向。

三、环境监测的分类

按环境监测的目的和性质可分为监视性监测（常规监测和例行监测）、事故性监测（特例监测或应急监测)、研究性监测。

① 监视性监测是指监测环境中已知污染因素的现状和变化趋势,确定环境质量,评价控制措施的效果,断定环境标准实施的情况和改善环境取得的进展。企业污染源控制排放监测和污染趋势监测即属于此类。

② 事故性监测是指发生污染事故时进行的突击性监测,以确定引起事故的污染物种类、浓度、污染程度和危及范围,协助判断与仲裁造成事故的原因及采取有效措施来降低和消除事故危害及影响。这类监测期限短,随着事故完结而结束,常采用流动监测、空中监测或遥感监测等手段。

③ 研究性监测是对某一特定环境为研究确定污染因素从污染源到环境受体的迁移变化的趋势和规律,以及污染因素对人体、生物体和各种物质的危害程度,或为研究污染控制措施和技术等而进行的监测。这类监测周期长,监测范围广。

按监测对象不同可分为水质污染监测、大气污染监测、土壤污染监测、生物污染监测、固体废物污染监测及能量污染监测等。

按污染因素的性质不同可分为化学毒物监测、卫生(病原体、病毒、寄生虫等污染)监测、热污染监测、噪声和振动污染监测、光污染监测、电磁辐射污染监测、放射性污染监测和富营养化监测等。

四、环境监测的原则

由于影响环境质量的因素繁多,而人力、物力、财力、监测手段和时间都有限,因此实际工作时不可能包罗万象地监测,应根据需要和可能进行选择监测,并要坚持以下几项原则。

① 树立"环境监测要符合国情"的原则。加强环境监测方法及仪器设备的研究,使监测方法和仪器设备更加现代化,使监测结果更加及时、准确、可靠,是促进环境科学发展的需要,也是环境监测人员的愿望。但是我国经济总体比较落后,各地区的经济发展不平衡,因此应根据不同的监测目的,结合自己的实际情况,建立合理的环境监测指标体系,在满足环境监测要求的前提下,确定监测技术路线和技术装备,建立确切可靠的、经济实用的环境监测方案。

② 最优的原则。环境问题的复杂性决定了环境监测的多样性。监测结果是环境监测中布点采样、样品的运输、保存、分析测试及数据处理等多个环节的综合体现,其准确可靠程度取决于其中最为薄弱的环节。所以应分别不同情况,全面规划,合理布局,采用不同的技术路线,综合把握优化布点,严格保存样品,准确分析测试等环节,实现最优环境监测。

③ 优先监测原则。在实际工作时,按情况对那些危害大、出现频繁的污染物实行优先监测的原则。具体优先监测的对象包括:对环境及人体影响大的污染物;已有可靠的监测方法并能获得准确数据的污染物;已有环境标准或其他依据去测量的污染物;在环境中的含量已接近或超过规定的标准浓度,且其污染趋势还在上升的污染物;环境中有代表性的污染物。

五、环境监测步骤

在环境监测工作中无论是污染源监测还是环境质量检测一般应经过下述程序:

① 现场调查与资料收集,主要调查收集区域内各种自然与社会环境特征,包括地理位置、地形地貌、气象气候、土壤利用情况及社会经济发展情况;

② 确定监测项目；

③ 监测点位置选择及布设；

④ 采集样品；

⑤ 环境样品的保存与分析测试；

⑥ 数据处理与结果上报。

六、有害物质的测定方法

由于污染因素性质的不同；所采用的分析方法也不同。常用的一类是化学分析法（容量法和重量法）；另一类是仪器分析法（或称物理化学法）。由于环境样品试样数量大，成分复杂，污染物含量差别大。因此，要根据样品特点和待测组分的情况，考虑各种因素，有针对性选择最适应的测定方法。特别应注意以下几点。

（1）为了使分析结果具有可比性，应尽可能采用国家规定现行环境检测的标准统一分析方法。

（2）根据样品待测物浓度的大小分别选择化学分析法或仪器分析法。如含量大的污染物选择容量法测定；含量低的污染物选择适宜的仪器分析法。

（3）在条件许可的情况下，对某些项目尽可能采用具有专属性的单项成分测定法。

（4）在多组分的测定中，如有可能选用同时兼有分离和测定的分析方法。如水中阴离子 F^-、Cl^-、NO_3^-、SO_3^{2-} 等，可选用离子色谱法；有机物的测定，可选择气相色谱法或高效液相色谱法等。

（5）在经常性的测定中，尽可能利用连续性自动测定仪。

第三节　环境质量评价

近几十年来，世界各国都不同程度受到环境问题的严重挑战。当今人们越来越意识到，人类社会的经济发展，自然生态系统的维持，以及人类本身的健康状况都与本地区的环境质量状况密切相关。人们更加意识到人类的行为特别是人类社会经济发展行为，会对环境的状态和结构产生很大的影响，会引起环境质量的变化。这种环境质量与人类需要之间客观存在的特定关系就是环境质量的价值，它所探讨的是环境质量的社会意义。

环境质量评价是对环境质量与人类社会生存发展需要满足程度进行评定。环境监测是环境质量评价的前提，只有通过全面、系统、准确的环境监测数据，对数据进行科学的处理和总结，才能对环境质量进行评价。

一、环境质量评价的分类及工作步骤

1. 环境质量评价的类型

（1）按环境要素分有大气质量评价、水环境质量评价、土壤环境质量评价、环境质量综合评价等。

（2）按环境的性质分有化学环境质量评价、物理环境质量评价、生物环境质量评价等。

（3）按人类活动性质和类型划分有工业环境质量评价、农业环境质量评价、交通环境质量评价等。

（4）按时间域可分为环境质量回顾评价、环境质量现状评价、环境质量影响预测评价。

（5）按评价内容可分为健康影响评价、经济影响评价、生态影响评价、风险评价等。

（6）按空间域可分为单项工程环境质量评价、城市环境质量评价、区域（流域）环境质量评价等。

2. 环境质量评价的步骤

① 收集、整理、分析环境监测数据和调查材料。

② 根据评价目的确定环境质量评价的要素及参评参数的选定。

③ 选择评价方法或建立评价的数学模型制定环境质量系数或指数。

④ 利用选择或制定的评价方法或环境质量系数或指数，对环境质量进行等级或类型划分，绘制环境质量图，以表示空间分布规律。

⑤ 提出环境质量评价的结论，并在其中回答评价的目的和要求。

二、环境质量现状评价

由于人们近期或当前的生产开发活动或生活活动而引起该地区环境质量发生或大或小的变化，并引起人们与环境质量的价值关系发生变化，对这些变化进行的评价称为环境质量现状评价。它包括单个环境要素质量评价（如大气、水、土壤环境质量评价等）和整体环境质量综合评价，前者是后者的基础。

1. 大气环境质量现状评价

影响大气环境质量状况的因素很多，而污染是造成大气环境质量恶化的主要原因。因而大气中各污染物的浓度值是进行大气污染监测评价的最主要资料。

（1）评价参数（因子）的选定 根据本地区污染源和例行监测资料，选择带有普遍性的主要污染物作为评价参数。如尘、有害气体、有害元素和有机物。

（2）获取监测数据 根据选定的评价参数、污染源分布、地形、气象条件等确定恰当的布点、采样方法、设计监测网络系统，获取能代表大气环境质量的监测数据。

（3）评价方法（指数法）。

（4）大气质量评价 求得大气环境质量的综合指数以后，按照综合指数值的大小对环境质量进行分级，近似地反映大气环境质量状况。

2. 水环境质量的现状评价

水质评价非常复杂，一般从三个方面来评定：一是污染强度；二是污染范围；三是污染历时。常见的评价参数有：水温、色度、透明度、悬浮固体、DO、CDO、BOD_5、酚、氰、汞等。

3. 环境质量综合评价

考虑到各个环节要素对环境的综合影响，如水、土壤、大气、噪声等，在各个要素中确定相应评价因子，再计算各环境要素的污染指数，最后计算环境综合值，根据综合值得到综合评价分级可作出环境质量综合评价图。

三、环境影响评价

识别人类行为对环境产生的影响并制定出减轻对环境不利影响的措施，这项技术性极强的工作就是环境影响评价。根据目前人类活动的类型及对环境影响程度，可分为三种类型：其一，单项建设工程的环境影响评价；其二，区域开发的环境影响评价；其三，公共政策的环境影响评价。

1. 环境影响评价的工作程序

（1）准备阶段　包括任务提出、组织队伍、制定评价方法、模拟论证和审定。

（2）实施阶段　包括资料收集、工程分析、现场调查、模拟计算等。

（3）总结阶段　包括资料汇总、专题报告、总体报告等。

环境影响评价方法有定性分析法、数学模型法、系统模型法和综合评价法。由于影响环境质量的因素过多，模型建立困难大、费时长，故常用的是分析法和综合法。

2. 环境影响评价报告书的编制

环境影响评价的成果就是以报告书的形式反映出来。其内容包括：总则；建设项目概况；工程分析；建设项目周围地区的环境现状；环境影响预测；评价建设项目的环境影响；环境保护措施的评述及技术经济论证，提出各项措施的投资估算；环境影响经济损益分析；环境监测制度及环境管理、环境规划的建议；环境影响评价结论。

第四节　环境保护与可持续发展

控制人口，节约资源，保护环境，实现可持续发展。这是中国环境与生态学者及中国政府对全球性发展资源、生态环境的锐减、污染和破坏以及中国国情为解决全球性环境问题而提出的一句极为科学而鲜明的行动纲领。

一、可持续发展的定义与内涵

可持续发展的概念最早在1980年提出，直至1987年世界环境与发展委员会向联合国提交的《我们共同的未来——从一个地球到一个世界》的著名报告中给予明确："在不危及后代人满足其环境资源需求的前提下，寻求满足当代人需要的发展途径。"这一定义在其内含的阐述中从生态的可持续性转入社会的可持续性，提出了消灭贫困、限制人口、政府立法和公众参与的社会政治问题。

可持续发展的内涵主要体现公平性原则、连续性原则和共同性原则。

公平性原则主要包括三个方面。一是当代人的公平，即要求满足当代全球各国人民的基本要求，予以机会满足其要求较高生活的愿望。二是代际间的公平，即每一代人都不应该为着当代人的发展与需求而损害人类世世代代满足其需求的自然资源与环境条件，而应给予世世代代利用自然资源的权利。三是公平分配有限的资源，即应结束少数发达国家过量消费全球共有资源，给予广大发展中国家合理利用更多的资源以达到经济增长和发展的机会。

持续性原则要求人类对于自然资源的耗竭速率应该考虑资源与环境的临界性，不应该损害支持生命的大气、水、土壤、生物等自然系统。持续性原则的核心是对人类经济和社会发展不能超越资源和环境的承载能力。"发展"一旦破坏了人类生存的物质基础，"发展"本身也就衰退了。

共同性原则强调可持续发展一旦作为全球发展的共同总目标而定下来，对于世界各国所表现的公平性和持续性原则都是共同的。实现这一总目标必须采取全球共同的联合行动。

可持续发展的理论认为：人类任何时候都不能以牺牲环境为代价去换取经济的一时发展，也不能以今天的发展损害明天的发展。要实现可持续发展，必须做到保护环境同经济、社会发展协调进行。二者的关系是人类的生产、消费和发展，不考虑资源和环境，则难以为继；而孤立就环境论环境，而没有经济发展和技术进步，环境的保护就失去了物质基础。另外，可持续发展的模式是一种提倡和追求"低消耗、低污染、适度消费"的模式，用它取代人类工业革命以来所形成的"高消耗、高污染、高消费"的非持续发展模式，扼制当今小部分人为自己的富裕而不惜牺牲全球人类现代和未来利益的行为。显然可持续发展思想将给人们带来观念和行为的更新。

二、中国可持续发展的战略与对策

中国作为一个发展中国家，深受人口、资源、环境、贫困等全球性问题的困扰。联合国环境与发展会议（UNCED）之后，中国政府重视自己承担的国际义务，积极参与全球可持续发展理论的建立和健全工作。中国制定的第一份环境与发展方面的纲领性文件就是 1992 年 8 月党中央、国务院批准转发的《环境与发展十大对策》。

1. 实行可持续发展战略

① 加速我国经济发展、解决环境问题的正确选择是走可持续发展道路。20 世纪 80 年代末，中国由于环境污染造成的经济损失已达 950 亿元，占国民生产总值的 6% 以上。这是传统的以大量消耗资源的粗放经营为特征的发展模式，投入多、产出少、排污量大。另一方面，传统发展模式严重污染环境，且资源浪费巨大，加大资源供需矛盾，经济效益下降。因此，必须由"粗放型"转变为"集约型"，走持续发展的道路，是解决环境与发展问题的唯一正确选择。

② 贯彻"三同步"方针。"经济建设、城乡建设、环境建设同步规划，同步实施，同步发展"，是保证经济、社会持续、快速、健康发展的战略方针。

2. 可持续发展的重点战略任务

（1）采取有效措施，防治工业污染坚持"预防为主，防治结合，综合治理"和"污染者付费"等指导原则，严格控制新污染，积极治理老污染，推行清洁生产实现生态可持续发展。主要措施如下。

① 预防为主、防治结合严格按照法律规定，对初建、扩建、改建的工业项目，要求先评价、后建设，严格执行"三同时"制度，技术起点要高。对现有工业结合产业和产品结构调整，加强技术改造，提高资源利用率，最大限度地实现"三废"资源化。积极引导和依法管理，坚决防治乡镇企业污染，严禁对资源滥挖乱采。

② 集中控制和综合管理这是提高污染防治的规模效益，实行社会化控制的必由之路。综合治理要做到：合理利用环境自净能力与人为措施相结合；集中控制与分散治理相结合；生态工程与环境工程相结合；技术措施与管理措施相结合。

③ 转变经济增长方式，推行清洁生产走资源节约型、科技先导型、质量效益型工业道路，防治工业污染。大力推行清洁生产开发绿色产品，全过程控制工业污染。

（2）加强城市环境综合整治，认真治理城市"四害"城市环境综合整治包括加强城市基础设施建设，合理开发利用城市的水资源、土地资源及生活资源，防治工业污染、生活污染和交通污染，建立城市绿化系统，改善城市生态结构和功能，促进经济与环境协调发展，全面改善城市环境质量。当前主要任务是通过工程设施和管理措施，有重点地减轻和逐步消除废气、废水、废渣和噪声这城市"四害"的污染。

（3）提高能源利用率，改善能源结构通过电厂节煤、严格控制热效率低、浪费能源的小工业锅炉的发展、推广民用型煤、发展城市煤气化和集中供热方式、逐步改变能源价格体系等措施提高能源利用率，大力节约能源。调整能源结构，增加清洁能源比重，降低煤炭在我国能源结构中的比重。尽快发展水电、核电，因地制宜地开发和推广太阳能、风能、地热能、潮汐能、生物能等清洁能源。

（4）推广生态农业，坚持植树造林，加强生物多样性保护　中国人口众多，人均耕地少，土壤污染、肥力减退、土地沙漠化等因素制约了农业生产发展，出路在于推广生态农业，从而提高粮食产量，改善生态环境。植树造林，确保森林资源的稳定增长，可控制水土流失，保护生态环境。通过扩大自然保护区面积，有计划地建设野生珍稀物种及优良家禽、家畜、作物、药物良种的保护和繁育中心，加强对生物多样性的保护。

3. 可持续发展的战略措施

发展知识经济和循环经济是实现经济增长的两大趋势。其中发展循环经济、建立循环型社会是实施可持续发展战略的重要途径和实现方式。

所谓循环经济，就是把清洁生产和废弃物的综合利用融为一体的经济，本质上是一种生态经济，它要求运用生态学规律来指导人类社会的经济活动。循环经济倡导的是一种建立在物质不断循环利用基础的经济发展模式，它要求把经济活动按照自然生态系统的模式，组织成一个"资源—产品—再生资源"的物质反复循环流动的过程，使得整个经济系统以及生产和消费过程基本上不产生或者只产生很少的废弃物，只有放错了地方的资源，而没有真正的废弃物，其特征是自然资源的低投入、高利用和废弃物的低排放，从根本上消解长期以来循环与发展之间的尖锐冲突。

（1）大力推进科技进步，加强环境科学研究积极发展环保产业　解决环境与发展的问题根本出路在于依靠科技进步。加强可持续发展的理论和方法的研究，总量控制及过程控制理论和方法的研究，生态设计和生态建设的研究，开发和推广清洁生产技术的研究，提高环境保护技术水平。正确引导和大力扶植环保产业的发展，尽快把科技成果转化为现实的污染防治控制的能力，提高环保产品质量。

（2）运用经济手段保护环境　应用经济手段保护环境，促进经济环境的协调发展。做到排污收费；资源有偿使用；资源核算和资源计价；环境成本核算。

（3）加强环境教育，提高全民族环境意识　加强环境教育提高全民族的环保意识，特别是提高决策层的环保意识和环境开发综合决策能力，是实施可持续发展的重要战略措施。

（4）健全环保法制，强化环境管理　中国的实践表明，在经济发展水平较低，环境保护投入有限的情况下，健全管理机构，依法强化管理是控制环境污染和生态破坏的有效手段。"经济靠市场，环保靠政府"。建立健全使经济、社会与环境协调发展的法规政策体系，是强化环境管理，实现可持续发展战略的基础。

4. 可持续发展的行动计划

中国环境保护的目标是：到 2010 年，可持续发展战略得到较好贯彻，环境管理法规体系进一步完善，基本改变环境污染和生态恶化的状况，环境质量有比较明显的改善，建成一批经济快速发展、环境清洁优美、生态良性循环的城市和地区。其中林业系统提出：未来10 年将重点实施野生动植物拯救工程 10 个，新建野生动物植物监测中心 32 个，新建野生动物饲养繁育中心 15 个，建设国家湿地保护与合理利用示范区 32 个。使全国自然保护区总数达到 1800 个，国家级自然保护区数量达到 180 个，自然保护区面积占国土面积的 16.14%。

2000 年 9 月 6 日开幕的以"把绿色带入 21 世纪"为宗旨的 2000 年中国国际环境保护博览会，充分展现了我国政府致力于保护环境的决心：国家继续加强和完善环保政策，扩大环保投资，加快环保技术和实施的国产化、专业化，推进环保产业化和污染治理市场化。

中国可持续发展战略的总体目标是：

① 用50年的时间，全面达到世界中等发达国家的可持续发展水平，进入世界可持续发展能力前20名行列；

② 在整个国民经济中科技进步的贡献率达到70％以上；

③ 单位能量消耗和资源消耗所创造的价值在2000年基础上提高10～12倍；

④ 人均预期寿命达到85岁；

⑤ 人文发展指数进入世界前50名；

⑥ 全国平均受教育年限在12年以上；

⑦ 能有效地克服人口、粮食、能源、资源、生态环境等制约可持续发展的瓶颈；

⑧ 确保中国的食物安全、经济安全、健康安全、环境安全和社会安全；

⑨ 2030年实现人口数量的"零增长"；

⑩ 2040年实现能源资源消耗的"零增长"；

⑪ 2050年实现生态环境退化的"零增长"，全面实现进入可持续发展的良性循环。

三、化学工业实现可持续发展的措施

化学工业是对环境中的各种资源进行化学处理和加工转化的生产部门，其产品和废弃物具有多样化、数量大的特点。废弃物大多有害、有毒，进入环境会造成污染。有的化工产品在使用过程中造成的污染甚至比生产本身所造成的污染更严重、更广泛。由于化学工业对环境影响巨大，所以实施可持续发展对化工生产尤为重要。

1. 发展是实现化工产业可持续发展的基础

化工行业是我国的支柱产业之一，不能因为该行业有严重的环境污染而使本行业停滞不前。只有坚持走发展之路，采用先进的生产设备和工艺，实现化工行业的清洁生产技术，降低能耗、降低成本、提高经济效益，才能使企业为防治污染提供必要的资金和设备，才能为改善环境质量提供保障。没有经济的发展和科学技术的进步，环境保护也就失去了物质基础。

2. 积极开拓国内外两个市场和利用国内外两种资源

资源是最重要的物质基础。要在立足用好国内资源的基础上，扩大资源领域的国际合作与交流，通过国际市场的调剂和优势互补，实现我国资源的优化配置，保障资源的可持续利用。通过开拓国际、国内两个市场，获得更为丰厚的利润，为改善化工行业的环境质量提供保障。

3. 制定超前标准，促进企业由"末端治污"向"清洁生产"转变

中国是发展中国家，经济增长速度较快，环境污染的问题尽管在一些经济发达地区正日益受到重视，但总的污染趋势不容乐观。因此应结合我国国民经济和社会发展规划制定出比较具体和明确的环境保护超前标准，从源头开始控制污染，向污染预防、清洁生产和废物资源化、减量化方向转变，才能促进化工企业的可持续发展之路。

4. 调整产品结构，开发清洁产品

我国化工行业工艺技术比较落后，基本上沿袭的以大量消耗资源、能源和粗放经营为特征的传统发展模式，致使单位产品的能耗高、排污量大，增加了末端治理负担，加重了环境污染。另外，小化工企业遍地开花，工艺原始落后，片面追求短期利益，污染现象严重，小企业一无资金二无技术进行污染治理。因此，调整产业结构，走高科技、低污染的跨越式产业发展之路，乡镇企业走小城镇集中化路子，形成集约化的产业链，是化工行业实现可持续发展的重要举措。

习　题

一、判断题

1. 环境管理的范围划分可分为资源管理、企业管理和部门管理。（　　）
2. 环境标准的种类按适用范围可分为国家标准、地方标准和行业标准。（　　）
3. 环境监测的目的主要是评价环境质量和评价污染治理效果。（　　）
4. 水温和悬浮固体是水质评价的两个指标。（　　）
5. 三废是指废水、废渣和废气。（　　）

二、简答题

1. 什么是环境管理？
2. 环境管理的内容是什么？
3. 环境保护的作用是什么？
4. 我国环境标准体系包括哪些内容？
5. 什么叫环境评价？
6. 简述可持续发展的定义和内涵。
7. 中国可持续发展的战略目标是什么？

参 考 文 献

[1] 中国认证人员与培训机构国家许可委员会. 职业健康安全专业基础. 北京：中国计量出版社，2003.
[2] 杨永杰. 化工环境保护概论. 第 2 版. 北京：化学工业出版社，2006.
[3] 张荣. 危险化学品安全技术. 北京：化学工业出版社，2005.
[4] 李荫中. 危险化学品企业员工安全知识必读. 北京：中国石化出版社，2007.
[5] 赵秋生. 厂长经理和管理人员职业安全健康知识. 北京：化学工业出版社，2006.
[6] 张娜. 安全生产基础知识. 北京：中华工商联合出版社，2007.